U0085739

6種 常備食材 × 媽媽愛的佳餚

蛋・土司・豆腐・麵・米飯・麵粉＝變化72道省錢大美味！

出版菊

麵粉

C o n t e n t s

蛋
大人小朋友都喜歡的濃郁滋味
Egg

吐司麵包
早點 vs 正餐無限變化百吃不厭
Toast Bread

麵
隨時都能立刻滿足全家人的胃
Noodle

米飯
超西日韓各種飽足風味
Rice

豆腐
超省錢低熱量又健康
Tofu

麵粉
披薩蛋糕餅乾...媽媽什麼都會！
Flour

週末快樂廚房～簡單、輕鬆 Café 日和

不論您是負責張羅辦桌人數的一頓飯，還是在一旁幫忙洗菜拔豆芽的小角色。飯菜準備好之後，一家人能一起用餐是多麼幸福快樂的事。

因為爸爸的工作，一家三口旅居日本。在異國生活，天天都在計算著柴米油鹽的日子，而每每踏出一步都需要很大的勇氣。前幾年為了兒子，我從職場走進廚房！這對我們夫妻倆來說，是項非常重大的決定。不論育兒還是料理，都是從零開始！在好友的鼓勵以及分享之下，我開始慢慢地累積了美味人生的點數。在這小小的天地裡，發現屬於自己另一個幸福的位置，現在更堅信我們當初的決定是正確的。

我是一位不專業又喜歡逛大街買特價品的煮婦，平時喜歡藉著參加料理教室結交新朋友。遇到自己喜愛的料理，會嘗試找出簡單的配方，以便能更有效率地完成上桌。就像我第一本食譜書「你也可以輕鬆做的愛心便當75種」，朋友們都認為像這樣可愛漂亮的便當，肯定很花時間！尤其現在分秒必爭的時代，有必要搞那麼多花樣，之後還不就是為了填飽肚子？我依舊堅持我的信念，視覺可以影響食慾，所以絞盡腦汁，為了能打破漂亮便當很費時的迷思，而整理出濃縮版的便當食譜書，讓讀者朋友們易學易懂，更可以依此製作出零失敗的愛心便當。

在這裡要感謝讀者朋友們給予我第一本便當食譜書的支持，更要感謝行動派的大家，至今依然不間斷，用心地在為家人、孩子製作各種佳餚。很高興有榮幸分享這份愛心便當的喜悅。

繼「你也可以輕鬆做的愛心便當75種」之後，第二彈是一本適合小家庭的輕簡食譜書「6種常備食材 × 媽媽愛的佳餚」以蛋‧土司‧豆腐‧麵‧米飯‧麵粉6種易取得，又經濟實惠的材料變化72道省錢大美味！也可以說是一本和大家分享我們家開伙的實況。

你是不是也有一樣的經驗？

沒空採購實材，卻突然需要變出菜餚？

超市或大賣場特價時，常因為那誘人的優惠價格，讓人不自覺地買太多？卻導致接下來整個星期，天天都是同樣的菜上桌，家人小孩都抗議…？

「6種常備食材 × 媽媽愛的佳餚：蛋‧土司‧豆腐‧麵‧米飯‧麵粉 ＝ 變化72道省錢大美味！」設計為---只要在家常備這6種最基本、好取得又便宜的食材，隨時都能在短時間內變化出色香味俱全的料理。不僅精打細算為你省錢，還可以讓餐桌色彩豐富、保持新鮮感，也讓下廚這件事變得更輕鬆愉快～

此外，這本食譜書最大的特色，除了材料簡單便宜、隨處都買得到，短時間就可以完成…，使用的器具也都是一般廚房，隨手可取得的生活用品。期待所有讀者朋友們一起試試看，親手實作自己的美味！

hippoMum 吳岭潃

2008年開始成為全職煮婦，並為兒子製作愛心便當。努力參加各式各樣的料理教室，慢慢地累積美味人生的點數。在那小小廚房裡發現屬於自己另一個幸福的位置。

出版食譜「你也可以輕鬆做的愛心便當75種」

榮獲　2011年全球華文部落格大獎年度「最佳美食情報」首獎 / 2011年 年度十大無名部落客 / 2011年BabyHome媽媽達人就是我 / 2012年 第五屆部落客百傑 美食類十強 / 2010-2011 中時嚴選部落格

曾任　櫻花官網專欄作家「便當創作」/ 毛寶駐站專欄作家「幸福食卓」

現任　Yahoo!奇摩「美食摩人」

chaRa-ben workout 可愛造型便當
www.wretch.cc/blog/hippomum/

hippomum.bento.cafe 臉書粉絲團
www.facebook.com/hippomum.bento.cafe

❶ 菜餚名稱
❷ 材料、調味料
❸ 應用食材
❹ 詳細的菜餚製作步驟
❺ hippoMum的重點提醒
❻ 使用器具

- 所使用的平底鍋是鐵弗龍（樹脂）加工的不沾鍋。

- 微波加熱使用強微波500W。
※ 請根據各機種的說明書以及微波時所必須注意的事項操作。

- 小烤箱是使用800W-1000W。
※ 請根據各機種的說明書以及必須注意的事項操作。

- 小烤箱就是一般家用烤吐司的烤箱，不能調溫度的烤箱。預熱大小烤箱時，在不放入任何的食材以及容器烤模之下，空著烤箱作預熱動作。

- 白飯是指溫白飯。若使用冷飯會特別註明"冷飯"。

- 海苔就是燒海苔，沒有加味的海苔片。

- 蔬菜燙熟，也就是"用鹽水加點油燙好"撈起後瀝乾。若該蔬菜是準備在料理上作為裝飾，撈起泡入冷水後瀝乾。

- 高湯可用一般大骨或雞高湯取代，也可以用清水加雞精粉或高湯粉調拌。
日式高湯，可用清水加日式柴魚粉調拌，請依個人喜好調整使用。
自製萬能昆布柴魚高湯（請參考11頁）

- 雞蛋是使用M尺寸的雞蛋，約55-60g。
全蛋就是整顆雞蛋包含蛋白以及蛋黃。
蛋液就是將全蛋打散。

- 泡打粉請嚴選無添加鋁的泡打粉。

家庭用的計量水杯
1杯＝200ml＝15大匙
3/4杯＝150ml
2/3杯＝133ml
1/4杯＝50ml

家庭用的計量米杯
1合(杯)＝180 ml /cc

家庭用的量匙
1大匙＝3小匙＝15cc
1茶匙＝1小匙＝5cc
1/2茶匙＝1/2小匙＝2.5cc
1/4茶匙＝1/4小匙＝1.25cc

公克 / 台斤換算
1公斤＝1000公克
1台斤＝16兩＝600公克
1兩＝37.5公克
1磅＝454公克＝12兩

1茶匙

1大匙

1/2茶匙　1/4茶匙

量水杯

量米杯

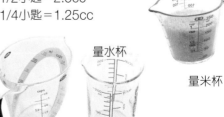

蛋

Egg

親子丼

無油煙的一道蓋飯，更不需要專用的親子丼醬汁，
使用在家中備用的調味料，
就可以做出美味又健康的親子丼。

平底鍋　　湯鍋

材料 — 2-3人份

白飯	300g
雞肉	120g
大洋蔥	1/2個
大白蔥	1/4條
全蛋	3顆
山芹菜	半束
海苔絲	適量

調味料

萬能高湯	100ml
醬油	2大匙
味醂	1大匙
砂糖	2小匙
料理酒	1大匙

萬能昆布柴魚高湯的材料
（約1000ml）

水	1200ml
昆布	1張（約5g）
柴魚片	20g

作法

1 雞腿肉切塊，大洋蔥切薄片，大白蔥切絲，山芹菜切小段，蛋打散待用。

2 在湯鍋中將所有的調味料煮至沸騰，依序將雞肉、大洋蔥以及大白蔥加入。以小火燜煮約8分鐘。

3 將1/2量的②倒入平底鍋中，倒入1/4量的蛋液煮約2-3分鐘。

4 再加入1/4的蛋液

5 放入1/2量的山芹菜，熄火並上蓋燜約1-2分鐘，至蛋液半熟。

6 然後淋在白飯上，撒上山芹菜即可完成。也將剩下的食材重複製作另一份的親子丼。

萬能昆布柴魚高湯的作法

1 用瀝乾的濕布巾，把昆布表面上的白色的物質抹掉。

2 將水以及昆布①放入湯鍋中，並以中火煮至沸騰

3　加入柴魚片。

4　轉小火煮約2分鐘後，熄火。靜放至柴魚片沉澱到鍋底為止。

5　在濾網上鋪張廚房紙巾，倒入④湯汁過濾即可。

將蛋液分成兩次前後加入，能讓第二次加入的蛋液，嫩滑又好吃。

煮好的柴魚湯汁，必須靜放至柴魚片沉澱到鍋底為止。才可進行過濾步驟。若攪拌的話，湯汁會混濁而不清澈。而且在過濾的流程中，也只能靜待湯汁自然滴入碗中。切勿擠壓或用力擰乾湯汁。

將萬能湯汁用容器裝好冷藏起來，或倒入製冰盒冷凍起來。過濾所剩下來的昆布以及柴魚片可以做成簡單又美味的香鬆。

節約昆布柴魚香鬆的材料		節約昆布柴魚香鬆的調味料	
高湯所用剩昆布＋		醬油	1大匙
柴魚片	60g	味醂	1大匙
白芝麻	適量	料理酒	1大匙
		蠔油	1小匙

節約昆布柴魚香鬆的作法

1　將昆布＋柴魚片倒入果汁攪拌機或食物調理機內打碎。

3　起鍋前加入白芝麻拌勻即完成。

2　熱炒鍋倒抹層薄薄的油，把昆布柴魚碎①稍微炒拌。加入調味料炒拌，至水份都被香鬆吸收為此。

hippoMum の Tips

　　除了如手作稻荷壽司（豆皮壽司）中[第95頁]，用一鍋沸騰的水方式來除去炸豆皮多餘油脂。炸豆皮的量不多的時候，建議在容器中或直接在水龍頭以熱水汆燙也可以。省時又方便。

　　若是使用調味的豆皮壽司用的豆皮。醬油及砂糖的量請自行斟酌。只要稍微將豆皮的醬汁濾乾，就可以開始料理。媽咪之前因為所買到的豆皮比較薄，蛋液都滲到湯汁裡，導致醬汁以及福袋煮都沾滿蛋花。在湯汁中加入1/3小匙的醋，可讓蛋白快速凝固。

　　在這道福袋煮中，最後加入伍斯特香醋醬，可提升醬汁的香氣。伍斯特香醋醬主要是由蔬果、香辛料、醋、砂糖等材料製作而成蔬果香醋醬。它的色澤黑褐，味道酸甜微辣。除了肉料理，用來炒麵做沙拉也很美味。

Q 到哪可購買伍斯特香醋醬（ウスターソース/Worcestershire Sauce）？

A 可在日系超市買得到，品牌有"Bull-Dog" ウスターソース或 "Kagome" ウスターソース。又或者英國品牌的 "Lea&Perrins "Worcestershire Sauce也OK。

日式照燒玉子
福袋煮

這個福袋,不是那種日本在正月新年期間所推出「物超所值」的福袋。
它是將餡料裝在豆皮中,再燉煮至入味。
豆皮吸滿了香甜的湯汁,半熟的蛋入口即化,一極棒的好味道。
而且福袋內餡的食材還可以自由作變化。
就如「物超所值」的福袋一樣,超令人期待。

平底鍋

材料 — 3人份

全蛋	6顆
炸豆皮(10cm×8cm方形豆皮)	3個
伍斯特香醋醬	1小匙

照燒湯汁的材料

醬油	3大匙
砂糖	1大匙
味酥	4大匙
水	2/3杯量

作法

1　準備一大碗熱水氽燙豆皮以除去多餘的油脂。撈起濾乾後切半。

2　用筷子在炸豆皮上滾壓2-3回,小心地把炸豆皮剝開成個小口袋。也將其他的炸豆皮製做成小口袋待用。

3　將一顆全蛋打入小容器中,以方便倒入②豆皮小口袋內。然後以牙籤別起來,即為福袋。重複這個步驟將其他的豆皮小口袋也都製作成福袋。

4　將所有湯汁材料倒入平底鍋中,以中火煮至沸騰後,把③福袋擺放在鍋邊,繼續煮約3分鐘。之後翻面將福袋浸泡在湯汁中(如圖)。以小火煮約5-6分鐘。

5　在起鍋之前,全面淋上伍斯特香醋醬即可。

hippoMum の Tips

　　茗荷（みょうが）跟嫩薑長得很像，但有一種很強烈的味道。是日本料理中常用的食材。用來做成醋漬非常美味。清脆爽口，而且色澤也很漂亮。

Q 為甚麼沒有用扇子來搧涼壽司飯？？
A 一般都是用扇子來搧涼冷卻壽司飯。而這是一位霸醬教媽咪的做法！這樣的冷卻方式能讓壽司飯更入味，口感更好，飯粒更有光澤！而用塊擰乾的濕布蓋在拌勻的壽司飯，可防止壽司飯變乾。

　　將味噌風味蛋鬆用密封袋裝好，冷凍起來。置於冷藏保存約三天，而冷凍保存約兩個星期。蛋鬆從冷凍庫取出，自然解後可以直接食用。若想吃著熱溫的蛋鬆，建議先自然解凍後才微波加熱或作熱炒料理。

味噌風味
蛋鬆散壽司

以日式壽司來說，散壽司是最簡單、最方便準備的壽司。
散壽司的食材很廣泛，不論怎樣搭配都是那麼好吃。
也不需要特別購買壽司醋，自製壽司醋也很簡單。

湯鍋

平底鍋

材料 — 2-3人份

壽司飯	2量米杯的量
味噌風味蛋鬆	200g
茗荷醋漬（切丁）	8顆份
小黃瓜（切丁）	1條
紫蘇葉（切絲）	6片
鮭魚卵	60g
白芝麻	適量

味噌風味蛋鬆的材料（約300g）

全蛋	6顆
味噌（白）	2又1/2大匙
砂糖	4小匙
味醂	4小匙
料理酒	1大匙

茗荷醋漬的材料

茗荷（みょうが）	10朵
鹽	1/2小匙
醋	100ml
砂糖	1大匙

壽司飯的材料（約500g壽司飯）

生米 2量米杯（約360ml）	
水	360ml

壽司醋的材料

醋	50ml
砂糖	4小匙
鹽	1小匙

作法

1 在準備好的壽司飯中，加入茗荷醋漬丁拌勻。

2 將2/3量的蛋鬆、黃瓜丁以及白芝麻也加到①混合均勻。最後將剩下的蛋鬆、紫蘇葉絲以及鮭魚卵也放上，即可上桌。

味噌風味蛋鬆的作法

1 在容器中，將味噌、砂糖、味醂以及料理酒拌勻，倒入鍋中待用。將全蛋放在另一個容器中打散。

2 將①的蛋汁分數次倒入鍋子裡。

3 稍微拌勻後，開中火炒。用大約4-5根筷子同時攪拌。

4 至蛋汁呈半熟狀態時轉小火，繼續將蛋鬆炒細炒熟即可。

壽司飯的作法

1　將熱騰騰煮好的飯，取出倒入大容器中，加入調勻的壽司醋趁熱拌勻。拌壽司飯時，用飯杓像是切飯般地將壽司醋和飯混合。

茗荷醋漬的作法

1　將鹽、醋以及砂糖拌勻待用。

4　把③茗荷放入容器中，再加入①醃漬。

2　將茗荷縱切半。

2　然後用一塊擰乾的濕布蓋在拌勻的壽司飯上待用。可利用這段時間，準備以及處理壽司的食材。

3　準備湯鍋，放入②茗荷以及加入1/3小匙的鹽（份量外），煮至水沸騰即可撈起濾乾。

5　放進冰箱漬，大約茗荷上色（如圖）即可食用。

不失敗的
滑嫩溫泉蛋

溫泉蛋是蛋黃軟溜溜，蛋白像豆花般滑嫩嫩
沒有想像中的麻煩！在家也能簡單做。
15分鐘內就可煮出香Q滑潤的溫泉蛋。

湯鍋

材料 — 3-5顆份

全蛋	3顆
水	1000ml

作法

1 準備一鍋水，水位必須能完全淹過雞蛋的高度為準。將水煮至沸騰後熄火，倒入200ml（份量外）的水。

2 把雞蛋慢慢放入①熱水中，並蓋上鍋蓋。燜泡約12分鐘即可將雞蛋撈起即可。

3 淋上稀釋過的醬油就是美味的溫泉蛋。

hippoMum の Tips

請使用室溫之下的雞蛋，Msize大小的雞蛋。也請選用水位能完全淹過雞蛋的湯鍋。而這個溫泉蛋的煮法，一次能煮5顆蛋。

太陽微笑
蛋便當

一份簡單的便當，加個這小小的微笑蛋造型
在打開便當的那刻，讓幸福的味道佈滿整間房子

平底鍋

材料 — 2-3人份

白飯	200g
鵪鶉蛋	2顆
海苔	適量
毛豆（汆燙）	60g
甜椒（紅黃色）	各1/4顆
去骨雞腿肉2隻（約400g）	
香油	1小匙
擔擔香鬆	適量

（作法請參考70頁）

調味料

鹽	適量
黑胡椒	適量

糖醋醬料的材料

醬油	2大匙
料理酒	2大匙
味醂	2大匙
醋	2大匙
砂糖	1小匙

微笑蛋的作法

1 準備一個直徑約1cm的吸管，（如圖）裁剪出一個半月型的模子待用。

2 將鵪鶉蛋放入小容器中，倒入已經加熱並抹上一層薄油的平底鍋，以小火煎好。

3 使用①的模子在煎好的鵪鶉蛋上，壓出微笑蛋的輪廓。

4 貼上黑芝麻作成的眼睛，海苔裁出微笑的嘴巴。

5 最後以番茄醬點出腮紅即可。

作法

1 在容器中，將所有糖醋醬料的材料拌勻待用。

2 甜椒切成條狀，快速汆燙撈起，用冷水快速浸泡並濾乾待用。

3 在雞腿肉較厚的部份橫剖開但不切斷，然後去筋，再用調味料醃好待用。

4 熱平底鍋倒入適量的橄欖油，將雞皮朝下去後，以中火去煎約5-6分鐘，煎至表面金黃色微焦。翻面繼續將雞肉煎熟。如何煎出脆皮的雞排（作法請參考87頁）。

5 用吸油紙（或廚房紙巾）將鍋內的污油去除，倒入①糖醋醬料，以大火烹煮約3分鐘，淋上香油即可起鍋。

6 在便當盒1/2的部份裝上白飯後，鋪上擔擔香鬆並撒上些白芝麻再把微笑蛋擺放在香鬆上。最後依序將糖醋雞肉排、毛豆以及甜椒填滿整個便當即可完成。

 hippoMum の Tips

請用吸油紙（或廚房紙巾）將鍋內的污油去除，以免影響到肉的色澤以及味道。

蔬菜滿分的
西班牙烘蛋
（Spanish Tortilla）

彩色繽紛的蔬菜，讓樸素的烘蛋變得華麗
這美味的蛋糕風西班牙烘蛋，將成為茶會中的焦點

烤箱

平底鍋

材料 ─ 4人份 ─
15cm×18cm的烤盤

全蛋	6顆
香腸	3條
大洋蔥	1/2顆
櫛瓜	1/4條
甜椒	1/2顆
紫色高麗菜	50g
小番茄	8顆
起司粉（帕瑪森）	適量
奶油	20g

調味料

起司粉（帕瑪森）	3大匙
蒜泥	1瓣
鹽	適量
黑胡椒	適量

作法

1　將香腸厚片，大洋蔥、甜椒、櫛瓜以及高麗菜切丁待用。

2　加入奶油熱炒鍋，依序將大洋蔥、香腸、櫛瓜、甜椒以及高麗菜炒香。

3　在容器中將全蛋打散，加入調味料攪拌，再加入②混合均勻。

4　倒入舖上烘焙紙的烤盤，撒上適量的起司粉及放上小番茄。

5　放入預熱烤箱200℃，烤約20-25分鐘即可。

hippoMum の Tips

這是一道零失敗的西班牙烘蛋，食材準備好送進烤箱即可。而且食材可以自由配搭。切片的烘蛋讓人非常期待。

若沒有烤模，可以用鮮奶包裝袋以及烘焙紙來DIY烤模（直徑約16cm）。

沒有烤箱也可以使用平底鍋來煎這道烘蛋。

 hippoMum の Tips

使用平底鍋的作法

1 步驟①-③如使用烤箱的一樣。

2 加熱平底鍋，倒入適量的橄欖油，將蛋液倒入
平底鍋中。用筷子在蛋液上攪拌並劃個圈，烘
至半熟狀態時，將小番茄排列並定位在烘蛋上。

3 準備一個鍋蓋或大盤子，將烘蛋滑入鍋蓋上，
再把平底鍋倒蓋在鍋蓋上，手按著鍋蓋反轉過
來，即可將烘蛋倒扣回平底鍋中，以中火烘至
金黃色。

在煎漢堡之前，用手指稍微在漢
堡肉中間壓個凹形。不但可鎖住
肉汁，還可確保肉質均勻煎熟。
此外，煎漢堡一定要使用平底鍋
而不是中華炒菜鍋。這樣受熱才
會均勻。

簡易蟹肉
芙蓉蛋

夏威夷
漢堡排丼
（LocoMoco）

正宗的夏威夷漢堡排丼是牛肉漢堡，
為了健康，將漢堡排的食譜改成雞絞肉以及營養的豆腐。
再放上清爽的剩菜沙拉，擺上顆洋蔥圈太陽蛋。
並淋上特製的醬汁，口感充滿大地般的清新風味。

平底鍋

材料 — 3人份

傳統豆腐	300g
雞絞肉	120g
全蛋	1顆
大洋蔥（切碎）	1/2顆
麵包粉	半杯
酪梨	1顆
小番茄	12顆
全蛋	3顆
大洋蔥圈	3個
萵苣菜	適量

調味料

鹽	適量
黑胡椒	適量
番茄醬	3大匙
伍斯特香醋醬	2小匙
砂糖	1小匙
高湯	100ml
太白粉水	適量

作法

1　用廚房紙巾將豆腐包裹起來，用稍微有些重量的容器壓在豆腐上，放置約15分鐘以除去多餘的水分。

2　大洋蔥碎炒熟待用。

3　將酪梨切片，小番茄切成4等份。以適量的檸檬汁、鹽以及白胡椒調味好待用。

4　在容器中將麵包粉以及搗碎豆腐一起混合。

5　將②炒洋蔥、全蛋液以及絞肉加入用手揉拌，至到絞肉開始出現黏稠性為止。再加入鹽以及黑胡椒調味。

6　取出適量的餡料，不斷用手左右拍打成丸子後，整成3等份的橢圓漢堡，以中火將兩面煎熟即可。

7　加熱另一個平底鍋，將煎漢堡所剩下的肉汁⑥倒入，也加入番茄醬以及伍斯特香醋醬，煮至沸騰。

8　再加入高湯以及砂糖煮沸，以太白粉水芶芡即可。

9　取另一個平底鍋並加熱倒入適量的油，在大洋蔥圈中，放入一顆蛋，以中小火煎好。

10　依序將白飯、萵苣菜、漢堡、③酪梨番茄沙拉以及⑨洋蔥圈太陽蛋盛在碗中。之後淋上⑧的醬汁即可。

簡易蟹肉芙蓉蛋

使用蟹肉也能輕輕鬆鬆做出鮮甜香滑的蟹肉芙蓉蛋，
熱騰騰又滑滑嫩嫩的餡料在嘴裡交融的感覺，
幸福濃郁的味道！

平底鍋

材料 — 2-3人份

全蛋	5顆
蟹肉棒	4條（約50g）
大白蔥（切絲）	半條
碗豆仁	1大匙
香油	1大匙
太白粉水	適量

調味料

高湯	100ml
醬油	1/2小匙
味醂	2小匙
蠔油	1小匙

作法

1 蟹肉棒撕開，碗豆仁燙好待用。

2 將全蛋放在容器中打散，加入蟹肉絲以及適量的鹽攪拌勻勻。

3 熱平底鍋，倒入少許的香油（份量外）將蔥絲炒香，再加入香油。

4 倒入②蟹肉蛋液，用筷子在蛋液上攪拌並劃個圈，烘至半熟狀態即可熄火並盛盤。

6 在鍋中倒入所有調味料煮至沸騰，再加入太白粉水勾芡。

7 熄火前倒入碗豆仁微拌，即可起鍋淋在④之上完成。

hippoMum の Tips

將芙蓉蟹蛋蓋在白飯或炒飯上，變成一道由日本人創出的燴飯—天津飯。

hippoMum の Tips

廚房紙巾的用意是為了防止
食材在燉煮的過程中變形潰
散。同時也可以沾黏湯汁上
所浮出來的雜質。

水煮蛋豆腐
滷雞肉

簡單的滷汁，短時間內就可以完成的一道料理。
不論是雞腿肉還是雞翅，都很適合。
肉質滑嫩入味又好吃。

湯鍋

材料 — 3-5顆份

水煮蛋	3個
小雞腿	6隻
薑（切片）	半塊
白蘿蔔	1/3條
四季豆	50g

調味料

水	1又1/2杯
砂糖	2小匙
料理酒	3大匙
醬油	3大匙
味醂	3大匙

作法

1. 四季豆燙好切半，白蘿蔔削皮切塊。

2. 熱炒鍋倒入適量的麻油，先將小雞腿煎熟並上色，加入薑片炒香。再加入白蘿蔔稍微炒拌後，倒入水煮至沸騰。最後加入其他的調味料以及水煮蛋，並舖上廚房紙巾，以中火燜煮約20-25分鐘。

3. 盛盤並將四季豆擺上，淋上湯汁即可上桌即可。

香濃蛋沙拉可樂餅

將水煮蛋的蛋黃製成香濃的蛋黃沙拉之後，
再次整形成一顆蛋做成可樂餅
外皮酥脆內餡香濃嫩滑，口感超好
咬著一口熱騰騰現炸的蛋沙拉可樂餅，
香濃的蛋沙拉如漿爆般湧出，讓人食慾大增。
深受一家大小歡迎的酥炸料理

材料 — 2-3人份

水煮蛋	3顆
火腿片	2片
麵包粉	適量

白醬的材料

白醬	4大匙
(作法請參考89頁)	
鮮奶	1-2小匙

麵衣的材料

低筋麵粉	4大匙
冷水	3大匙

作法

1　將剝殼的水煮蛋切半，蛋黃和蛋白分開。把蛋黃用叉子搗碎。火腿片切丁待用。

2　在鍋中以小火烹煮白醬，慢慢加入鮮奶調拌勻勻熄火放涼。

3　把①蛋黃末以及火腿丁倒入②白醬拌勻。

4　將蛋黃沙拉醬填滿蛋白（如圖），送進冰箱冷藏約15-20分鐘定型。

5　把麵衣材料攪拌勻勻後，將④沙拉蛋依序沾裹上麵糊、麵包粉。

6　放入170℃的油鍋炸至金黃色即可起鍋。

hippoMum の Tips

一般酥炸都是先沾低筋麵粉→蛋液→麵包粉。這次是跳過沾蛋液的部份，直接用麵糊將可樂餅整顆包起來。再沾裹上麵包粉去炸，不但能封住食材的香味，而且外皮酥脆內餡香嫩。

加了番茄醬的蛋汁，不論是配搭甚麼蔬菜去焗烤都很有風味，
相信不喜愛吃蔬菜的小朋友也會愛上它。

對於喜歡蛋料理的朋友，更不能錯過這營養均衡的焗烤料理。

焗烤培根
水煮蛋

小烤箱

材料 — 2-3人份

材料	份量
全蛋	4顆
花椰菜	90g
培根（小切片）	2片（約40g）
起司絲	適量

番茄蛋汁的材料

全蛋	2顆
番茄醬	1大匙
鮮奶	100ml
鹽	適量
黑胡椒	適量

作法

1 準備一鍋水將4顆蛋擺放，水位必須能完全淹過雞蛋的高度為準。以大火開始烹煮，一面煮一面不斷以筷子輕輕攪動鍋裡的蛋，煮至水沸騰後，轉中火繼續煮約10-12分鐘把蛋撈起浸冷水剝殼。再切成4-6等份待用。

2 培根切小片，花椰菜切小朵燙熟撈起待用。

3 把所有番茄蛋汁的材料倒入容器中，攪拌勻勻待用。

4 先將3/4的蛋汁③倒入烤碗中，依序放入水煮蛋①、花椰菜以及焙根②

5 把剩餘的蛋汁也倒入，並撒上適量的起司絲。

6 放進預熱5分鐘的小烤箱，烤約15-20分鐘，至表面起司金黃微焦即可。

hippoMum の Tips

避免直接使用從冰箱剛取出的蛋，需讓蛋恢復至室溫後才使用。在水中加入1匙的醋以及1/2小匙的鹽，有防止蛋殼在燙煮途中破裂！而煮蛋時以筷子輕輕攪動鍋裡的蛋，可保持蛋黃在整顆蛋的中心。

在烤碗內則塗上一層薄薄的奶油，以防蛋汁沾黏及焦底。

自製 日式醬油 漬蛋

日本漬物的種類非常地多樣化。一般大家熟悉的就有小黃瓜、茄子和白菜漬物。
不論是配飯還是粥，漬物都是那麼地對"胃"，
日式漬物的醃漬方式有很多種，而這款醬油漬蛋非常簡單！
不需要那些專門做漬物的醃缽，也沒有繁瑣的處理流程！
只有兩步驟：準備滷汁、煮半熟蛋。
所醃好的漬蛋，口味很像鹹蛋，用來配粥飯還是吃麵都很適合。

冰箱
湯鍋

材料 — 6顆份

雞蛋	6顆

滷汁材料

辣椒（乾）	1根
醬油	80ml
味醂	80ml
料理酒	50ml
水	30ml

作法

1. 將所有滷汁材料倒入鍋中，煮至沸騰放涼待用。

2. 準備一鍋水（份量外），將6顆蛋擺放，水位必須能完全淹過雞蛋的高度為準。

3. 以大火開始烹煮，一面煮一面不斷以筷子輕輕攪動鍋裡的蛋，煮至水沸騰後，轉小火繼續煮約6分鐘把蛋撈起浸冷水剝殼。

4. 把剝殼後的半熟蛋放入盛著①滷汁的容器或密封袋中，放進冰箱約1-2天後，從滷汁中取出另作保存即可。

♥ hippoMum の Tips

避免直接使用從冰箱剛取出的蛋，需讓蛋恢復至室溫後才使用。

在水中加入2小匙的醋及1小匙的鹽，有防止蛋殼在燙煮途中破裂以及蛋白滲出！而煮蛋時以筷子輕輕攪動鍋裡的蛋，可保持蛋黃在整顆蛋的中心。

若用容器來浸泡半熟蛋，蛋會浮起來而滷得不均勻，可用張適度的保鮮膜鋪蓋在滷汁上即可。這漬蛋放置越久，顏色和口味就會越重。必須從滷汁中取出另作保存。

請在一週內儘快將漬蛋吃完。

吐司麵包

早點 vs 正餐無限變化百吃不厭

Toast Bread

迷你燕麥鮮奶山形土司

在家作土司沒有想像中的麻煩,只需10分鐘輕鬆揉麵即可。
更不需要另外購買土司烤模,使用一般磅蛋糕的烤模,
就可以出爐小巧可愛的迷你山形土司。

烤箱

容器

材料 — 8cm×17cm×6cm 的磅蛋糕模1個

材料	份量
高筋麵粉	180g
大燕麥	20g
全脂奶粉	20g
快速酵母粉	4g
砂糖	6g
無鹽奶油	15g
鹽	3g
溫鮮奶	170~180ml

作法

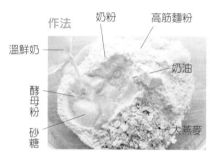

奶粉　高筋麵粉　溫鮮奶　奶油　酵母粉　砂糖　大燕麥

1 把所有材料(如圖般的排列)倒入容器中。

2 將溫鮮奶直接倒在快速酵母粉和砂糖上開始攪拌至酵母糖漿,慢慢將酵母糖漿撥開跟其他材料(鹽除外)攪拌,最後才將鹽一起混合成麵團。

3 在工作台上,把麵團由內往外推展(約5分鐘)。

4 將麵團重覆滾成條狀並折起來,直到光滑不黏手(約5分鐘)。

5 將有彈性的麵團收成圓球,蓋上保鮮膜,以30~35℃ 60分鐘作第一次發酵。

6 麵團會膨脹到一至兩倍大,用手指沾上麵粉插入麵團中,指印不會彈回來就是完成發酵。

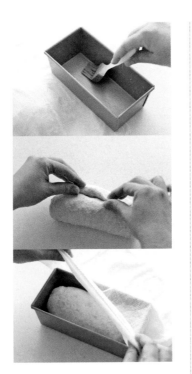

9 在表面上噴水霧，送入預熱了180℃，烤約25-30分鐘即可。

7 在工作台上撒些麵粉，將空氣壓出後折起來（如圖）。蓋上瀝乾的濕布巾，放置室溫鬆弛15分鐘。

8 將麵團輕壓放氣，用手擀開後捲成圓柱狀，放入塗了層薄奶油的烤模中，蓋上瀝乾的濕布巾，以30~35℃ 25分鐘作第二次發酵。

hippoMum の Tips

在將麵團送入烤箱前噴水霧，可讓表皮烤起來香脆好吃。

將酵母粉跟砂糖放置在一起，砂糖可促進酵母發酵得更好。

步驟⑧捲成圓柱狀後，封口需捏緊，以避免發酵後爆開。

半熟玉子
迷你三明治

可愛陽光的小小烤蛋、一口吃的三明治，
外皮烤得焦酥，夾著清爽的小黃瓜片
讓人忍不住一口接一口。

小烤箱

材料 — 2人份

白土司（8片切，切邊）3片	
鵪鶉蛋	4顆
火腿片	4片
小黃瓜	1/2條
荷蘭芹末	適量

調味料

美乃滋	1大匙
芥末籽醬	1/2小匙

作法

1 將所有土司切成方形4等份。在其中2片份的方形土司上，以壓模裁空。

hippoMum の Tips

因為土司切得很小，要顧及土司烤得漂亮，又要確保鵪鶉蛋能被烤熟，比較費心思。

可以用張在中間裁空的鋁箔紙，預先鋪蓋在土司的部分上，將鵪鶉蛋烤熟，之後再將鋁箔紙拿開，也將土司烤至微焦即可。

2 火腿片切成跟方形土司的大小，小黃瓜削薄片待用。調味料的材料拌勻待用。

3 在土司上塗抹適量的美乃滋奶油芥末籽醬，鋪上火腿片→裁空的土司→鵪鶉蛋。把三明治以及剩餘的方形土司片，一起放進小烤箱，烤至表面金黃微焦就可以。

4 將無餡料的方形土司片④塗抹適量的奶油，擺上小黃瓜片→三明治③，撒上適量的荷蘭芹末即可盛盤。

豆腐香酥
土司蝦球

一道原以為只有在餐廳才能吃到炸蝦球，
宅在家也能輕鬆做出美味酥脆的黃金蝦球，
搭配泰式甜辣醬或塔塔醬都是那麼地美味。

油鍋

材料 — 約16顆份

白土司	10片
（10片或三明治用土司）	
中型蝦	8隻
傳統豆腐	100g
蔥花	2大匙

麵衣的材料

蛋液	1/2顆份
太白粉	3大匙
料理酒	1大匙
鹽	少許

作法

1 用廚房紙巾將豆腐包裹起來，用稍微有些重量的容器壓在豆腐上（如圖），放置約15分鐘以除去多餘的水分。

2 預先將土司切邊放在冷凍庫中冰硬，切成小丁待用。

3 將蝦子剝殼留尾並去除沙線，用刀子拍扁後稍微剁碎。加入少許的鹽以及白胡椒（份量外），拌至呈黏稠狀。

4 在容器中加入搗碎的①豆腐、③蝦漿以及所有麵衣的材料一起拌勻。然後加入蔥花混均。

5 揉成丸子大小的小蝦球，裹上②的土司丁

6 放入160℃-170℃的油鍋炸至金黃色即可起鍋。塔塔醬（作法請參考104頁）；甜辣醬（作法請參考59頁）。

hippoMum の Tips

將土司放進冷凍庫冷凍，就可以切出一顆顆形狀完整的土司丁。

在裹上土司丁的時候，稍微用手捏一下，幫助土司丁能貼緊著蝦球。也因為是土司會很快焦，要特別注意炸油的溫度。

可以放一塊土司丁試油溫，土司丁會慢慢浮上來表示油溫剛好。

Q 如何將豆腐的豆腥味除去？

A 豆腐以加了鹽的熱水汆燙撈起，可去除豆腥味。之後再用廚房紙巾將豆腐包裹起來，用稍微有些重量的容器壓在豆腐上，放置約15分鐘以除去多餘的水分；使得豆腐在料理中更容易吸收調味料。也建議先將豆腐切成需要料理的大小，可縮短處理水分的時間。

大阪風味
櫻花蝦什錦燒

大阪風味什錦燒（お好み焼き）也就是我們常說的大阪燒，
食材很自由，隨意加入所喜歡的食材，
將全部的材料與麵粉攪拌勻勻，煎成圓餅就可以。
這款什錦燒不用麵粉，
而是巧妙地使用製作三明治所切下的土司邊煎好。

平底鍋

材料 ─ 2人份

土司邊	110g
櫻花蝦	6g
高麗菜	120g
培根	2片（約40g）
全蛋	2顆
柴魚片	2小包（約6g）
溫開水	250ml
什錦燒專用醬	適量
美乃滋	適量
海苔或青海苔粉	適量

調味料

鹽	適量
黑胡椒	適量

什錦燒專用醬的材料

番茄醬	2大匙
伍斯特香醋醬	2大匙
醬油	1大匙
蜂蜜	1大匙

作法

1　高麗菜切碎、培根切條狀待用。

2　將土司撕成小碎片後放入容器中，倒入溫開水攪拌成糊狀。加入柴魚片以及調味料混合，再倒入櫻花蝦、高麗菜①以及全蛋略微攪拌。

3　在平底鍋內則抹層薄油，將1/2量的土司糊②放入鍋中並整成圓型。將培根片鋪上，以中小火煎至底部微焦後翻面。翻面之後不可用鏟子壓它，繼續煎熟為止！

4　兩面都煎好後盛盤。依序塗上什錦燒專用醬、美乃滋、海苔以及柴魚片即可。

hippoMum の Tips

Q 如何把煎好的什錦燒翻面？

A 首先將什錦燒滑到盤子（鍋蓋）上，把平底鍋倒蓋在盤子（鍋蓋）上，手按著盤子（鍋蓋）反轉過來，即可將什錦燒翻面並倒扣回平底鍋中。

　　伍斯特香醋醬主要是由蔬果、香辛料、醋、砂糖等材料製作而成蔬果香醋醬。它的色澤黑褐，味道酸甜微辣。除了肉料理，用來做沙拉也很不錯。

Q 到哪可購買伍斯特香醋醬（ウスターソース /WorcestershireSauce）？

A 可在日系超市買得到，品牌有"Bull-Dog" ウスターソース或"Kagome" ウスターソース。又或者英國品牌的 "Lea&Perrins "Worcestershire Sauce也OK。

火腿起司
溫熱三明治
（土司先生
croque-monsieur）

croque-monsieur是法國傳統的溫熱三明治。
用奶油煎至外表焦酥，香氣十足，內層卻是軟嫩的。
一口咬下去，濃軟的起司流出，鹹香可口。
從裡到外都是溫熱的，吃來特別暖胃。

平底鍋

材料 — 2人份

白土司（6片切）	4片
火腿片	4片
起司絲	80g
大洋蔥（切薄片）	1/4顆
番茄（切薄片）	1顆
紫蘇葉（切半）	4-5片
奶油（15g×4條）	60g

作法

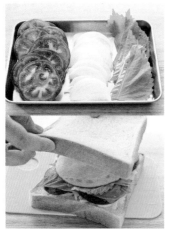

1　在土司上依序鋪放火腿片→
洋蔥片→起司絲→番茄片→紫
蘇葉→火腿片→土司。

2　然後用牙籤將土司以及餡料
固定著。重複以上步驟將另一
組三明治也完成。

3　熱平底鍋放入一個奶油條。

4　奶油條開始溶解時，把一組
①三明治放入鍋中去煎。用鏟
子稍微壓一壓三明治。以中小
火煎至底部微焦後翻面。

5　再放入另一個奶油條，同
樣用鏟子稍微壓一下三明治。
繼續煎至底部微焦即可起鍋
盛盤。

6　也重複以上步驟將另一組三
明治也完煎好。上桌前請別忘
了將牙籤取出。

hippoMum の Tips

　　Croque-monsieur溫熱三
明治的基本食材是火腿和起司。
Monsieur直接翻譯是"先生"。
法國人還真逗趣，只要在三明治
上方追一顆太陽蛋，就從先生變
成了女士，Croque-madam。

　　媽咪在做這道溫熱三明治
時，都會使用平底鍋煎。不用小
烤箱烤是因為土司的水份會被很
快被蒸發掉，三明治放久會很快
變硬。但是用煎的方式，就能保
有土司外焦酥，內軟嫩的口感。

卡特基乳酪
蠶豆培根三明治

卡特基乳酪是一種末經熟成口味清淡低脂肪的輕乳酪。
做成清爽的三明治，美味極了。

hippoMum の Tips

　　作卡特基乳酪（Cottage Cheese）要特別注意鮮奶的溫度，溫鮮奶的最佳溫度大約40-60℃之間。溫度太高，是製作不出乳酪的。為了不讓酸味殘留在乳酪中，（如43頁圖）放入水中振動清洗。大約換2-3次的水，至水不混濁即可。

＊若是使用鮮榨或100%檸檬果汁，以上這個清洗步驟可以省略。

　　鮮奶的凝結物被過濾後所剩下的是乳清。乳清含有相當量的蛋白質和少量脂肪以及礦物質等。是可以飲用的。加入鮮奶、蜂蜜以及檸檬汁拌勻並冷藏後，就是美味的優格風味的飲料。

　　若你所買到的土司是有土司邊，所切下的土司邊記得要留下來。讓它們來個大改造，做成美味的大阪風味櫻花蝦什錦燒（作法請參考38頁）。

材料 — 2-3人份		調味料		容器
全麥土司	4片	美乃滋	2小匙	
（三明治用，切邊）		檸檬汁	1/2小匙	
培根（切碎）3片（約25g）		醬油	1/3小匙	
新鮮蠶豆	10顆	鹽	適量	
自製卡特基乳酪	120g	白胡椒	適量	

作法

1 準備湯鍋，放入蠶豆燙熟撈起，稍微涼了後剝殼待用。熱平底鍋倒入少許的油，爆香培根待用。

2 在容器中，將自製卡特基乳酪以及調味料拌勻。也加入①蠶豆以及培根碎混合均勻。

3 在土司上塗抹適量的奶油（份量外），鋪上②餡料並疊上另一片土司。用保鮮膜將組好的三明治包裹好，稍微壓一下。重複以上步驟將其他三明治也完成，最後再切成適當等份即可。

卡特基乳酪的材料（約120g）	
鮮奶	500ml
檸檬汁（或醋）	3大匙

卡特基乳酪的作法

1 將鮮奶以中火煮至鮮奶變溫約60℃就熄火。將檸檬汁從鍋邊轉圈加入，輕輕攪拌即可。

2 放置約20分鐘，鮮奶表面會產生蛋花似的白色凝結物。

3 在濾網上鋪張廚房紙巾，倒入②鮮奶凝結物過濾。

　*（註）用水清洗一下，之後再稍微將水份擠乾即可。
　　留在廚房紙巾內的就是好吃的卡特基乳酪。

菠菜培根鹹派（Quiche）

平底鍋

不需要費力揉派皮，更不需要另外採購冷凍派皮。
用土司就能簡單製做美味的鹹派。
而製作鹹派所剩下的白土司，
另外還可以變身成為清爽的凱撒沙拉。

金黃香酥炸咖哩角

油鍋

材料 — 2-3人份

白土司（6片切）	2片
菠菜	50g
培根	3片
大洋蔥	1/4顆
蘑菇	5顆
奶油（10×3條）	30g

鹹派蛋汁的材料

全蛋	2顆
鮮奶	80ml
起司絲	20g
鹽	適量
黑胡椒	適量

作法

1　將土司白色的部份切下，保留完整的土司皮框。切邊所剩下的白色土司，做成凱撒沙拉的麵包丁（Crouton）。

2　大洋蔥切薄片，培根以及菠菜切小段。加入奶油熱炒鍋，依序加入大洋蔥、培根以及菠菜炒香。以適量的鹽以及黑胡椒調味。

3　在容器中將所有鹹派蛋汁的材料攪拌，再加入②混合均勻。

4　加熱平底鍋放入奶油，放入土司皮框①。倒入1/2的菠菜鹹派蛋汁③，上蓋以小火燜煎約5分鐘。之後翻面煎好即可。重複以上步驟將另一組鹹派也煎好即可完成。

凱撒沙拉的材料

萵苣菜	適量
小黃瓜	1/2條
水煮蛋	1顆
起司粉（帕瑪森）	適量

凱撒沙拉醬的材料

美乃滋	3大匙
醋	1大匙
橄欖油	1大匙
起司粉（帕瑪森）	1大匙
砂糖	1小匙
檸檬汁	1/3小匙
鹽	適量
白胡椒	適量

凱撒沙拉的作法

1　在容器中，將所有凱撒沙拉醬的材料拌勻即可。

2　水煮蛋切半再切成4等份，萵苣菜洗好瀝乾後用手撕成小片，小黃瓜切薄片待用。

3　將菠菜培根鹹派所裁下的白土司切成小方塊。

4　在小烤箱的天板上舖一張適度的鋁薄紙將方塊土司③排列好，送進小烤箱烤至金黃色。也翻面烤好即可。

5　將沙拉食材②盛在盤子上，撒上麵包丁④以及起司粉。最後淋上凱撒沙拉醬即可完成。

hippoMum の Tips

凱撒沙拉的麵包丁也可以用平底鍋來製作。

金黃香酥炸
咖哩角

傳統的咖哩角是半月類似餃子的形狀。
這次來用土司做個簡單、不需要費力揉麵，
更沒有繁瑣製作流程的咖哩角。
而咖哩餡是前一晚吃剩的，
十分鐘內就可以吃到美味的酥炸咖哩角。

油鍋

材料 — 6個份

白土司	6片
（三明治用，切邊）	
水煮鵪鶉蛋	6顆
蔬菜滿點的乾咖哩	80g
（作法請參考90頁）	
低筋麵粉	1大匙
水	1大匙

作法

1　在容器中，將低筋麵粉與水混合待用。

2　蔬菜滿點的乾咖哩，只取乾咖哩醬，加熱待用。

3　用擀麵棍將土司壓成薄片。把所乾咖哩醬放在土司上（居中），再放上一顆鵪鶉蛋。

4　在土司每一個邊塗上①麵糊，把土司對角折起來壓住。

5　再用夾子或叉子壓緊封口。

6　重複以上步驟將其他咖哩角也完成。

7　放入170℃的油鍋炸至金黃色起鍋即可。

hippoMum の Tips

　　照片中所使用的夾子小工具是派皮專用。前端的滾輪用來切割派皮。而後端是用來壓出派皮邊的模樣。百元店販賣烘焙工具部門可以買得到。

　　除了如食譜一樣使用吃剩的咖哩，也可以用咖哩調理包來製作。也可以在咖哩餡裡，加入適量蒸過的馬鈴薯丁混合，以增添口感。

　　若你所買到的土司是有土司邊，所切下的土司邊記得要留下來。讓它們來個大改造，做成美味的大阪風味櫻花蝦什錦燒（作法請參考38頁）。

日式
炒麵麵包

感覺熱呼呼的炒麵搭配鬆軟的奶油麵包真的好好吃。
再加上小小的可愛造型，會是孩子們最受歡迎的點心。

平底鍋

材料 — 2個份

長條形奶油麵包	2個
清爽高麗菜拌炒麵	適量
（作法請參考60頁）	

萵苣菜	2-3片
胡蘿蔔	適量
水煮鵪鶉蛋	4顆
黑芝麻	適量
咖哩粉	適量

作法

1. 準備一小杯的咖哩醬或咖哩水（咖哩粉＋水），將鵪鶉蛋浸泡至均勻地上色。

2. 用胡蘿蔔裁出心型作為雞冠，或直接造型小叉也可以。在胡蘿蔔上裁出菱形作為嘴巴。黑芝麻作為眼睛。最後以番茄醬出腮紅即可。

3. 在奶油麵包中間切出"V"字的切口。把萵苣菜以及炒麵夾在切口中。將②小雞擺放在炒麵上即可。

hippoMum の Tips

美乃滋是製作造型時最好的黏著劑。可以將小配件緊貼在造型上。

小熊
手工漢堡

熱騰騰剛出爐的漢堡麵包，香氣充滿整間房子。
將所喜歡的餡料夾入膨鬆柔軟的漢堡。
在漢堡上做個簡單的造型，美味又討喜。

烤箱

漢堡麵包的材料 — 4個份	
高筋麵粉	250g
全脂奶粉	30g
快速酵母粉	5g
砂糖	15g
無鹽奶油	20g
溫開水	180~190ml
鹽	4g

造型小熊的材料	
香腸	1/2條
起司片	1片
小番茄	1顆
海苔	適量
香腸片（salami）	適量

hippoMum の Tips

將酵母粉跟砂糖放置在一起，砂糖可促進酵母發酵得更好。
　　食譜可製作4個標準漢堡麵包。在步驟⑥將麵團分割成
6-8等份，製作成迷你漢堡。很適合擺入小小的便當盒內。
　　造型小熊的小配件（如香腸、青豆仁等），以（炸過）義大
利麵或使用較細的沙拉義大利麵（1.4mm），可輕易地將立體造
型小配件固定在主題造型上。義大利麵會吸收食材中所含有的
水份，在用餐時已經變軟即可食用。不建議使用牙籤來固定小
配件，主要避免誤食誤吞的事件。
而比較平扁的造型配件（如起司、番茄片等），可用美乃滋或番
茄醬來做黏著劑。

作法

1 把所有材料（如圖般的排列）倒入容器中。

2 將溫開水直接倒在快速酵母粉和砂糖上開始攪拌至酵母糖漿，慢慢將酵母糖漿撥開跟其他材料（鹽除外）攪拌，最後才將鹽一起混合成麵團（揉麵團的詳細作法請參考33頁步驟③④）。

3 在工作台上，把麵團由內往外推展（約5分鐘）。將麵團重覆滾成條狀並折起來，至到光滑不黏手（約5分鐘）。（作法請參考33頁）。

4 將有彈性的麵團收成圓球，蓋上保鮮膜，以30~35℃ 60分鐘作第一次發酵。

5 麵團會膨脹到一至兩倍大，用手指沾上麵粉插入麵團中，指印不會彈回來就是完成發酵。

6 在工作台上撒些麵粉，將空氣壓出後分割成4等份。將麵團邊緣往內則收口，滾成小球狀。蓋上瀝乾的濕布巾，放置室溫鬆弛15分鐘。

7 將麵球輕壓放氣再次整成小球狀，以30~35℃ 25分鐘作第二次發酵。

8 表面塗上蛋汁，撒上白芝麻。送入預熱了190℃，烤約15-18分鐘。

造型小熊的作法

1 將漢堡麵包橫切開一半，麵包內則塗上奶油。上層的麵包準備作小熊的臉。

2 在起司上裁出小熊的圓鼻子，青豆仁作為鼻頭。厚切片的香腸作為耳朵。

3 用起司片作為眼白，海苔作為眼睛。小番茄作為腮紅以及香腸片作為蝴蝶結。

4 依序以義大利麵將造型小配件②③固定在漢堡①上。

5 在下層的麵包疊上喜歡的餡料，將小熊造型④蓋上即可完成。

油鍋

hippoMum の Tips

在肉片白色脂肪部分切上幾刀，主要避免豬排不會往內縮。而導致肉太過緊實，影響口感。這個食譜可做兩大片炸豬排。

大小厚度可自行斟酌，為便當或三明治量身訂做。

口袋三明治用杯口邊緣有厚度的杯子裁切，同時有著封口的效果。

炸豬排三明治
＋
造型口袋三明治

將炸豬排沾上帶有獨特香甜風味的日式豬排醬，
夾著清爽的沙拉絲，做成三明治，口感軟嫩不乾澀。
再做些小變化製成造型口袋三明治，
能讓孩子們更開心地吃光光。

材料 — 2-3人份

豬後腿肉	250g（約2片）
低筋麵粉	適量
全蛋液	1顆份
麵包粉	適量
白土司（8片切）	4片
萵苣菜絲	適量
紫色高麗菜絲	適量

炸豬排醬的材料

番茄醬	2大匙
伍斯特香醋醬	2大匙
黃芥末	適量

造型小豬口袋三明治的材料

炸豬排	1片
白土司（8片切）	4片
萵苣菜	2片
小番茄	1顆
海苔	少許

作法

1 在肥肉邊緣切幾刀，但不要切斷。用刀背輕輕拍打豬排，撒上適量鹽以及黑胡椒待用。

2 在容器中，將所有炸豬排醬的材料拌均。

3 將①依序沾裹一層低筋麵粉、蛋液以及麵包粉。

4 放入170℃的油鍋炸至金黃色起鍋濾油。

5 將④炸豬排兩面都均勻沾上炸豬排醬。

6 在土司上塗抹適量的奶油，依序放上萵苣菜絲、高麗菜絲以及⑤炸豬排，並疊上另一片土司。重復以上步驟將另一組三明治也完成，最後再切成適當等份即可。

造型小豬口袋三明治的作法

1 在土司上塗抹適量的奶油，把土司皮切除後重疊起來，用杯口邊緣有厚度的杯子裁切。在2/3的土司切開，做成口袋三明治待用。

2 ①所切下的土司皮，用圓形壓模裁出小豬的鼻子以及耳朵。再用吸管裁去鼻子上的鼻孔。

3 以義大利麵將鼻子以及耳朵②固定在豬排上。再將番茄片的腮紅以及海苔眼睛，沾上少許美乃滋貼上。

4 把造型小豬③以及萵苣菜擺入口袋三明治①即可完成。

小巧可愛的
土司寶盒

使用有厚度的土司，
做成迷你可愛的土司寶盒。
裝滿色彩繽紛
又營養豐富的小菜。
每盒的量就是那麼地一點點，
美味又方便的小點心。

小烤箱

材料 — 2人份

土司（4切片）	2片

雞蛋沙拉的材料

水煮蛋	1顆
美乃滋	1大匙
鹽	適量
白胡椒	適量

涼拌小番茄的材料

小番茄（切半）	6顆
紫蘇葉（切絲）	4片
蒜頭（切碎）	1瓣
橄欖油	1小匙
鹽	適量
白胡椒	適量

蟹肉酪梨沙拉的材料

酪梨	1/2顆
蟹肉棒（切小段）	5條
蔥花	1大匙
美乃滋	1大匙
自製卡特基乳酪	20g
（作法請參考43頁）	

雞蛋沙拉的作法

1 將蛋白跟蛋黃分開。蛋白切丁待用。

2 蛋黃搗碎，加入美乃滋、鹽以及白胡椒拌勻。最後加入①蛋白丁混合好即可。

涼拌小番茄的作法

1 在容器中，把蒜茸、橄欖油、鹽以及白胡椒拌勻。

2 加入小番茄混合後，上桌前擺放上紫蘇葉即可。

蟹肉酪梨沙拉的作法

1 用刀在酪梨上繞劃一圈。上下各往不同方向轉開，將酪梨分開。再用刀尾切進果核中，稍微扭轉即可拔出。去皮切丁，淋上少許檸檬果汁（份量外）以及美乃滋拌勻待用。

2 在容器中，把①酪梨丁、蟹肉棒、蔥花以及乳酪混合好，最後加上適量的 Tabasco 辣醬（份量外）即可。

土司寶盒作法

1 在土司上輕輕切十字分成4等份，但別把土司切斷。然後在土司邊緣內則約1cm的位置輕輕切開，也別切斷（如圖紅色虛線）。完成之後才將土司切開成4等份（如圖灰色虛線）。

2 放進小烤箱，烤約3-4分鐘，至表面金黃微焦就可以。用叉子將土司挖空成一個小盒子。填滿美味的食材即可。

hippoMum の Tips

若是使用自己烘焙的手工土司，請切成約6cm的厚切片來製作。如果不小心將土司切斷，抹上蛋汁再烘烤就能黏起來。之前媽咪都是先將挖空土司再去烤，也因為土司太鬆軟。會因此挖得不漂亮。所以先烤好再挖空，步驟變得更輕鬆簡單。

麵

隨時都能立刻滿足全家人的胃

Noodle

超簡單
味噌拉麵

紅白味噌的交響曲，譜出香濃美味的湯頭
再簡單的食材，也能享受到熱騰騰風味十足的拉麵。

湯鍋

材料 ─ 2人份

拉麵	250g
高麗菜	100g
火腿片	4片
筍乾（メンマ）	30g
料理酒	2大匙
高湯	1000ml
青蔥	適量

調味味噌的材料

白味噌	3大匙
赤味噌	1大匙
芝麻醬	1大匙
白芝麻研磨粉	1大匙
蒜頭（磨成泥）	2瓣
薑（磨成泥）	半塊

作法

1　將高麗菜切粗片，燙熟撈起待用。

2　將調味味噌所有的材料拌勻待用。

3　準備湯鍋，將高湯以及料理酒煮至沸騰後關小火，以篩網篩入味噌②，再次煮至沸騰即可。

4　依照拉麵包裝上的煮法將拉麵煮好，隨後撈起盛於盤中。

5　淋上味噌湯③，擺入高麗菜①、火腿片以及筍乾，最後撒上適量的青蔥即可。

hippoMum の Tips

若沒有味噌泥專用的篩網，可預先以少許的高湯將味噌調勻，才一起放入湯鍋中。

中華風
清爽烏龍冷麵

烏龍麵QQ的口感，做成清爽的冷麵，極度消暑。
在從冰箱中使用現有的調味料就可以調製出美味的醬汁。
也很適合做成常備醬汁，搭配沙拉、涼豆腐等食用。

湯鍋

材料 — 2人份

烏龍麵（乾）	200g
乾燥海藻	4g
番茄	1顆
小黃瓜	1條
火腿片	4片
茗荷醋漬	5個
（作法請參考16頁）	
黃金蛋絲	適量

冷麵醬汁的材料

醋	1大匙
柴魚醬油	150ml
味醂	2小匙
醬油	1小匙
香油	1/2大匙
豆瓣醬	1小匙
柚子果汁	1/4小匙
白芝麻	適量

黃金蛋絲的材料
（直徑16cm蛋皮3片份）

全蛋	2顆
鹽	少許
料理酒	1/2小匙

黃金蛋絲的作法

1 將所有的材料仔細拌勻後，用篩子過濾蛋汁。

2 在平底鍋內側抹上層薄油，以中火加熱。將少量的蛋汁倒入鍋中，稍微搖動讓蛋汁均勻地佈滿整個鍋子。轉小火煎約2-3分鐘。當看到蛋皮與鍋緣自然分離就可以準

備翻面，稍微煎一下即可起鍋。也重複以上步驟將其他蛋汁都煎好。

3 等②蛋皮放涼後，切成細絲即可。

黃金蛋絲的作法

作法

1 將乾燥海藻用冷水浸泡約10分鐘瀝乾待用。番茄切半再切成4等份，小黃瓜、火腿以及茗荷醋漬都切絲待用。

2 在容器中，把所有冷麵醬汁的材料混合均勻待用。

3 依照麵條包裝上的煮法將烏龍麵煮好，隨後撈起用冷水快速浸泡並濾乾，盛於盤中。

4 擺入①的食材以及蛋絲，最後淋上②的醬汁即可。

hippoMum の Tips

在蛋汁中加入太白粉1小匙以及水1小匙（太白粉水的比例1：1），能加強蛋皮的韌度不易破。不建議在這黃金蛋絲食譜中加入砂糖或味醂去煎。因為糖會讓蛋皮容易變焦色。而且要完全地將蛋打散並用篩子過濾蛋汁，這樣能讓蛋汁變得較細緻。才能煎出漂亮的黃金蛋絲。

hippoMum の Tips

加入香菜或將萵苣菜直接用香菜來取代，可增添香氣。把蝦子有條紋的那面朝下貼著春捲皮捲好，讓沙拉春捲美觀又美味。

喜歡偏鹹口味辣醬的朋友，強力推薦蔥油餅的蘸醬賴來配搭也很適合。（作法請參考127頁）。

清爽高麗菜
拌炒麵

hippoMum の Tips

油麵本身是熟麵，是可以直接料理。而媽咪用熱水預先將油麵氽燙好，除了可瀝掉一些油，也可確保麵條不會黏在一起。再來就是用香油以大火將油麵煎乾至有些微焦更佳。這樣麵條拌炒起來才會鬆、也不會糊成一團。

素麵
沙拉春捲

生春捲是一道簡單又無油煙的夏日美味。
而正宗越式生春捲是有使用越南米粉，
但是這道清爽沙拉春捲卻以素麵來取代。
然後將所有食材包捲起來就可食用。
再配搭兩種不同的自製蘸醬，讓小孩長輩們都愛。

湯鍋

材料 — 5條份

越式春捲皮	5片
蝦子	5隻
火腿片	5片
素麵	1/2束
小黃瓜	1/4條
胡蘿蔔	1/4條
萵苣菜	適量

甜辣醬的材料

醋	2大匙
砂糖	1又1/2大匙
豆瓣醬	1/2小匙
蒜頭	1瓣
香油	1大匙

作法

1 在容器中將甜辣醬的材料混合好待用。

2 蝦子剝殼去除沙線後燙熟並剖成兩半，小黃瓜以及胡蘿蔔切絲麵線待用。

3 依照麵條包裝上的煮法將素麵煮好，隨後撈起用冷水快速浸泡並濾乾。

4 把越式春捲皮噴水用濕布蓋好，自然變軟即可使用。

5 取一張泡軟的春捲皮④，依序放上萵苣菜、火腿、小黃瓜絲、胡蘿蔔絲以及麵線。

6 將食材緊緊包捲起來，在春捲皮2/3處上放上蝦子。

7 繼續捲成春捲狀即可。

8 重複以上步驟⑤~⑦製作其他沙拉春捲，最後切成適當厚片盛盤即可完成。

清爽高麗菜
拌炒麵

炒麵常讓人很油膩的感覺。
在料理之前做些小處理，再來搭配高麗菜絲用成清爽的沙拉，
都可將炒麵的油膩程度降低，吃起來清爽又美味！

炒鍋

4　將調味料拌勻待用。

5　熱炒鍋，倒入適量的香油將
蒜末炒香，加入②炒熟撈起。

材料 ─ 2-3人份

油麵	350g
薄片五花肉	120g
中型蝦	4-6隻
蒜頭（切碎）	2瓣
高麗菜	1/4顆
青蔥	適量

調味料

伍斯特香醋醬	1大匙
料理酒	1大匙
豆瓣醬	2小匙
砂糖	1又1/2大匙

2　蝦子剝殼留尾並去除沙線，
再撒上些鹽（份量外）以及白胡
椒。五花肉切小段待用。

6　再次熱炒鍋倒入少許的香
油，把油麵③煎至微上色後，
把⑤回鍋快炒，也加入④調味
炒至湯汁稍微收乾。

作法

3　油麵以熱水汆燙濾乾待用。
（＊省略這個步驟也OK）

1　高麗菜切絲泡冷水後，瀝乾
待用。

7　將炒麵擺放在高麗菜絲①
上，撒些青蔥即可。

酸菜梅干
涼拌蕎麥麵

爽脆的高麗菜,加上酸酸的小梅乾超美味配搭。
另一道無油煙,清清爽爽就能完成的美味。

湯鍋

材料 ─ 2人份

蕎麥麵(乾)(約300g)	3束
高麗菜(切絲)	1/4顆
大洋蔥(切薄片)	1/2顆
小梅乾	4顆
海苔絲	適量
蔥花	適量

湯汁的材料

柴魚醬油	150ml
冷水	250ml

作法

1 在容器中放入高麗菜絲以及大洋蔥片,加入1小匙的鹽醃約15分鐘。用清水洗去鹽水並擰乾水份待用。

2 將湯汁的材料拌勻,送進冰箱冷藏。

3 依照麵條包裝上的煮法將蕎麥麵煮好,隨後撈起用冷水快速浸泡並濾乾,盛於盤中。

4 擺入①的酸高麗菜,撒上蔥花以及海苔絲,將小梅乾的肉削薄片,用成玫瑰花作為裝飾。最後淋上②的湯汁即可。

hippoMum の Tips

生的大洋蔥比較辣,可將大洋蔥片浸泡在冰水中,進冰箱冷藏,使用時撈起瀝乾,無辛味又脆口。

hippoMum の Tips

　　煮義大利麵時，水量一定要充足，並在水中加入鹽。烹煮的時間也因種類以及廠牌而不同，請參考麵袋上所建議時間，並依個人喜好調整（可以比所註明的標準烹煮時間縮短約30秒-1分鐘），才能煮出好吃的義大利麵。

　　製作培根蛋奶義麵的重點就在於步驟⑤在炒香培根之後，請記得要馬上熄火，加入義麵以及醬汁快速翻拌！這樣才能享受到濃郁的醬汁。因為麵條本身的熱度會讓蛋奶醬汁微熟。

美乃培根
蛋奶義麵
（carbonara）

培根蛋奶義麵主要材料是蛋、起司以及培根。
之後就是加鮮奶油或鮮奶，為了做出那種濃郁的口感。
想吃到香滑濃郁的培根蛋奶義麵，
用美乃滋來取代鮮奶油也有同樣的口感。

材料 — 2人份

義大利麵	200g
厚切培根	100g

蛋奶醬汁的材料

新鮮全蛋	2顆
美乃滋	3大匙
起司粉	2大匙

調味料

黑胡椒	適量

作法

1　將蛋奶醬汁材料拌勻待用。

2　準備一鍋2公升滾沸的水，加入1大匙的鹽，放入麵條。

3　依麵袋上的指示時間煮麵，煮時須稍加混拌。

4　在指示時間前1分鐘，確認麵條是否軟硬適中，隨後撈起。

5　熱平底鍋倒入適量的橄欖油，爆香培根後馬上熄火。

6　將④的義麵以及①的蛋奶醬汁倒入平底鍋，快速翻拌。

7　撒上適量的黑胡椒，即可趁熱盛盤上桌。

牛肉壽喜燒
烏龍拌麵

 hippoMum の Tips

烏龍麵也可以使用常溫的，但是建議使用冷凍的，口感會比較Q。若不敢吃生蛋黃，可以以溫泉蛋取代。

明太子
清爽義式涼麵

明太子與奶油的美妙組合，讓拌醬香濃順滑。
加上檸檬汁，讓這義式涼麵香濃不膩，很清爽美味。

涼鍋

材料 — 2人份

材料	份量
義大利細麵	200g
無鹽奶油	25g
辣味明太子	80g
檸檬汁	2大匙
蔥花	適量

調味料

調味料	份量
鹽	適量
黑胡椒	適量

作法

1　用刀背將明太子魚卵輕輕刮開待用。

2　將融解的奶油倒入容器中。

3　也加入明太子以及檸檬汁攪拌勻勻。

4　準備一鍋2公升滾沸的水，加入1大匙的鹽。

5　放入麵條。

6　依麵袋上的指示時間煮麵，煮時須稍加混拌。

7　在指示時間確認麵條是否軟硬適中，隨後撈起用冷水快速浸泡並濾乾。

8　把③倒入⑦一起拌勻，以調味料調味後盛盤，再撒上適量的蔥花即可。

hippoMum の Tips

　　這食譜中的義大利細麵是1.4mm的 "Fedeline"。

　　明太子本身已經有鹹味，鹽的份量請自行斟量。明太子直接在砧板處理，會因為它的紅色很難洗掉。建議鋪上牛奶包裝所作成的免洗砧板！而所剩下的明太子，可用保鮮膜分裝包好並冷凍起來。需要使用時，預先移到冷藏解凍即可。

牛肉壽喜燒烏龍拌麵

常在吃完壽喜燒之後，會用剩下的湯汁加麵或飯下去熬煮。
再加上顆生鮮蛋黃，讓口感滑嫩更美味。
當然這道壽喜燒烏龍麵拌麵，
想什麼時候吃都可以輕鬆在家準備。

平底鍋

材料 — 2-3人份

烏龍麵（冷凍）（約400g）	2包
牛肉薄片	120g
大洋蔥	1/2顆
鴻禧菇	60g
青蔥	適量
生鮮蛋黃	2顆份
七味粉	適量

調味料

砂糖	1又1/2大匙
味醂	2大匙
料理酒	1大匙
醬油	4大匙

作法

1　大洋蔥切薄片、鴻禧菇根的部分切掉，用手撕開、調味料混合均勻待用。

2　依照麵條包裝上的煮法將烏龍麵煮好，隨後撈起待用。

3　熱炒鍋，倒入適量的油將大洋蔥片炒香，倒入調味料煮至沸騰。

4　加入牛肉片以及鴻禧菇煮熟。

5　再將烏龍麵②加入稍微炒拌。

6　讓湯汁都沾上麵條即可盛於碗中。

7　撒上青蔥，並擺上一顆生鮮的蛋黃，最後撒七味粉即可。在吃之前先將蛋黃拌入烏龍麵中，讓口感滑嫩更美味。

鮮美 文蛤拉麵

文蛤很甜美，不需要複雜的烹調方式，
簡單煮成清湯就非常地美味。
加入些薑絲、米酒提味，一道超簡單及美味的鮮湯。

湯鍋

hippoMum の Tips

文蛤本身已經很鮮美夠味，
不喜歡重口味的朋友，不加
鹽調味也OK。

材料 — 2人份

細拉麵	250g
文蛤	400g
薑（切絲）	半塊
海藻（乾）	適量
蔥花	適量

調味料

米酒	50ml
水	750ml
高湯粉	1/2小匙

作法

1. 文蛤用加了少許鹽的水浸泡
   吐砂洗淨。乾海藻泡開擰乾
   水份待用。

2. 熱炒鍋倒入少許的油，以中
   火將薑絲放入爆香。倒入調
   味料煮至沸騰，加入文蛤煮
   至文蛤開了即可。若有需要
   可加入適量的鹽調味。

3. 依照拉麵包裝上的煮法將拉
   麵煮好，隨後撈起盛於盤
   中。淋上湯汁，擺上文蛤以
   及海藻，撒上蔥花即可完成。

和風香濃
擔擔冷麵

hippoMum の Tips

　　白髮蔥絲作法：把大白蔥白色切段，剖開取出綠色的芯後，切絲泡入冷水（作法請參考155頁）。

　　這個食譜是使用紅味噌！若是用白味噌，調味料中砂糖的量要調減。

　　喜歡吃辣的朋友，可以另外加些醋及辣椒醬來調和，味道一樣讚！此外，這道擔擔麵的肉餡—炒絞肉，也適合放入便當內（太陽微笑蛋便當，範例請參考18頁）。

我家風味
番茄醬義麵

一罐萬能番茄醬，宅家也能隨時隨刻品嚐到美味的番茄醬義麵。
稍微在食材上做些變換（例：加入綜合海鮮）去烹煮，就是鮮美的海鮮義麵。
或加入絞肉及大洋蔥末去炒拌，馬上就可以吃到美味的番茄肉醬義麵。
不論是在所配搭的食材還是味道上，發揮空間都很廣！

湯鍋

平底鍋

材料 — 2-3人份

義大利麵	180g
自製萬能番茄醬（作法請參考88頁）	1-1又1/2杯

蒜頭（切碎）	2瓣
羅勒（或九層塔）	適量
起司粉	適量

調味料

鹽	適量
黑胡椒	適量

作法

1 準備一鍋2公升滾沸的水，加入1大匙的鹽，放入麵條。依麵袋上的指示時間煮麵，煮時須稍加混拌。在指示時間前1分鐘，確認麵條是否軟硬適中，隨後撈起。

NOTE：請勿把燙煮義麵的煮麵水倒掉！（註*）

2 熱平底鍋倒入適量的橄欖油，爆香蒜茸

3 倒入萬能番茄醬

4 以中火煮約3分鐘後，加入1/3杯量（份量外）的煮麵水煮開。

5 加入①義麵，翻炒至義麵都沾上醬汁。起鍋前以調味料作調味，裝盤後，撒上起司粉及羅勒即可。

 hippoMum の Tips

　　很簡單的番茄醬風味，撒上大量的起司粉更增添美味。而喜歡吃辣的朋友也可加入TABASCO辣椒醬，讓風味更棒。

　　煮義大利麵時，水量一定要充足，並在水中加入鹽。烹煮的時間也因種類以及廠牌而不同，請參考麵袋上所建議時間，並依個人喜好調整（可以比所註明的標準烹煮時間縮短約30秒-1分鐘），才能煮出好吃的義大利麵。

（註*）在翻炒義麵時，覺得醬汁太稠或太乾，可加入煮麵水來調節醬汁濃度。已有鹹味的煮麵水，能讓義麵風味更為濃厚濃稠。

和風香濃擔擔冷麵

擔擔麵的湯頭濃郁，鮮奶加上芝麻醬和辣椒的妙組合，
讓湯又香又濃又辣-麵條吃光之後，
一定還會想要碗白飯來配所剩下的湯汁！

湯鍋

平底鍋

材料 — 2-3人份

細拉麵	2包（約220g）
青江菜	適量
大白蔥	半條
辣油	適量

芝麻奶香湯汁的材料

鮮奶	300ml
柴魚醬油	180ml
醬油	1小匙
水	30ml
芝麻醬	50g

絞肉的材料

豬絞肉	180g
蒜頭（切碎）	2瓣
薑（切碎）	1大匙
辣椒乾	1根

絞肉的調味料

赤味噌	1大匙
砂糖	1大匙
醬油	1/2小匙
豆瓣醬	1大匙
料理酒	2大匙

作法

1 青江菜洗淨，把大白蔥切成白髮蔥絲泡入冷水待用（作法請參考155頁）。

2 準備湯汁。先用水把芝麻醬稀釋。

3 再將其他湯頭的材料倒入，拌勻後，放入冰箱冷藏。

4 熱炒鍋，倒入適量的油，爆香蒜茸、薑末及辣椒乾，加入絞肉炒熟。

5 加入調味料調味，稍微炒拌即可。

6 準備湯鍋，放入①青江菜燙熟撈起待用。

7 依照麵條包裝上的煮法將麵條煮好，隨後撈起用冷水快速浸泡並濾乾，盛於麵碗中。

8 淋上③的湯汁。擺入⑤炒碎肉、燙青江菜及大白髮蔥絲。最後加入適量的辣油即可。

韓式
泡菜拌麵

酸酸甜甜，又有點辣味的韓式拌麵
吃起來清爽又開胃，是一道夏天的極品涼麵。

湯鍋

材料 — 2-3人份

素麵	300g
雞里肌	200g
韓國泡菜	100g
小黃瓜	1條
溫泉蛋	2顆
(作法請參考17頁)	
白芝麻	適量
香油	適量

調味料

韓式辣椒醬	2大匙
醬油	3大匙
砂糖	2小匙
醋	2大匙
蒜頭（切碎）	1瓣
香油	2小匙

作法

1 將雞里肌肉的筋取出，燙熟剝成絲狀、小黃瓜茄絲待用。

hippoMum の Tips

溫泉蛋可以用水煮蛋來取代。也可以加入些香菜或紫蘇絲一起拌麵，可增添香氣。
如何簡單地將雞里肌肉的筋取出？作法請參考85頁。

2 在容器中，把所有調味料混合均勻，加入①雞肉絲以及3/4量的小黃瓜絲拌勻待用。

3 依照麵條包裝上的煮法將素麵煮好，隨後撈起用冷水快速浸泡並濾乾。

4 把②、③充分拌勻盛盤，擺入剩下的小黃瓜絲②、泡菜及溫泉蛋。最後淋上適量的香油以及撒上芝麻即可。

米飯

中西日韓各種飽足風味

Rice

吃膩了平凡無奇的三角飯糰嗎？
這個造型飯糰不需要特別的工具，
一把剪刀以及刀子就可以將所需要的造型裁剪好，
讓平凡的便當更增添美味以及愛心。

企鵝造型
三角飯糰

平底鍋

油炸

材料 — 2個份

材料	份量
白飯（60g×2）	120g
海苔	適量
胡蘿蔔	適量

日式玉子燒的材料

全蛋	2顆
味醂	1小匙
醬油	1/2小匙
水	1大匙
美乃滋	2小匙

雙色炸蝦的材料

中型蝦	8隻
低筋麵粉	適量
全蛋液	1顆份
白芝麻	適量
糯米餅（霰餅）	適量

造型三角飯糰的作法

1 拉開一張保鮮膜，將飯糰包裹起來整成兩顆三角飯糰。用海苔條將飯糰圍起來（如圖）。再用保鮮膜將整顆海苔飯糰包裹起來定型。

2 以海苔作為企鵝的美人尖以及雙手，切片胡蘿蔔作為嘴巴。

3 再以切片胡蘿蔔作為企鵝的雙腳，插上義大利麵條固定起來。

4 貼上黑芝麻作成的眼睛，用番茄醬點出腮紅。再用造型小叉稍微裝飾，可愛的企鵝兄妹完成。

日式玉子燒的作法

1 在容器中將日式玉子燒所有的材料，細拌勻。

2 用篩子過濾蛋液，可讓蛋液順滑。

3 在煎鍋（或平底鍋也OK）內則抹層薄薄的油，以中小火加熱。

4 倒入少量蛋液，讓蛋液均勻佈滿整個煎鍋。

5 趁蛋皮半熟狀態下，用鏟子（或筷子）將蛋皮往煎鍋內則慢慢地折捲進去（如圖）。

6 然後把蛋捲推回折捲的原始位置。

7 重複步驟④⑤⑥，直到將蛋液用完為此。

雙色炸蝦的作法

1 將蝦子剝殼留尾並去除沙線。再將蝦筋挑掉後，在腹部處斜劃3-4刀。

2 撒上些鹽以及白胡椒待用。

3 確保蝦子上的水份擦乾，依序地將①沾裹上底筋麵粉、蛋液以及白芝麻或彩色糯米餅。

4 放入170℃的油鍋炸熟即可起鍋。

 hippoMum の Tips

用保鮮膜或壽司用竹簾將煎好的蛋捲包裹起來，可為煎得不均勻蛋皮的外觀作修飾！

除了將蝦筋挑掉，也在蝦子的腹部處斜劃3-4刀。使得蝦筋完全切斷。如此便能炸出筆直不彎曲的炸蝦。

香酥 煎米餅

一道超級方便又簡單準備的小點心
米餅做得薄些煎起來特別香酥好吃，脆脆地有如仙貝的口感
而米餅做得有些厚度，不但有飽腹感，
夾上喜歡的食材就是一份可口的米漢堡

平底鍋

材料 ── 直徑6cm，薄片約8-10個

白飯	300g
全蛋	2顆
蔥花	20g
白芝麻	1又1/2大匙
柴魚片	3小包（約9g）
醬油	1又1/2大匙
香油	1大匙

作法

1　在容器中將所有材料攪拌均勻。

2　熱平底鍋，倒入適量的香油，將適量飯糰①倒入平底鍋中並整成圓型。

3　以中小火煎至底部微焦後翻面，兩面都煎好後盛盤。也將剩餘的飯糰①煎好即可。

 hippoMum の Tips

將飯糰①整形並用適度的保鮮膜個別包好，放入密封袋中，可冷凍保存約兩個星期。將需要的量從凍箱取出，將大約4個冷凍米餅放入微波爐，以高微波（500-600W）30秒加熱。然後熱平底鍋倒入適量的香油，將米餅兩面都煎好後盛盤即可。

沖繩異國風塔可飯

塔可飯（Taco rice）是從墨西哥餐點改良而來，在沖繩相當有名的料理它跟章魚（日語：Tako）一點關係也沒有。塔可飯基本上就是飯、肉醬、生菜以及起司等，再配上酸辣的墨西哥辣醬，在炎熱的夏天最能消暑，超級開胃的料理。

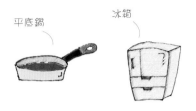

平底鍋　　冰箱

材料 — 2-3人份

材料	份量
白飯	400g
豬絞肉	250
蒜頭（切碎）	2瓣
大洋蔥（切碎）	1/2顆
莎莎醬（Salsa sauce）	適量
生菜（切絲）	適量
起司片（免烤）	1片

調味料

調味料	份量
蠔油	2大匙
番茄醬	2大匙
醬油	2小匙
鹽	適量
黑胡椒	適量
Tabasco辣醬	適量

莎莎醬的材料（約2杯量）

番茄	2顆（約360g）
青椒（小）	1個
大洋蔥	4大匙
香菜碎	1小匙
蒜頭（切碎）	1瓣
鹽	1/2小匙
檸檬汁	1大匙
TABASCO辣椒醬	適量

作法

1 熱炒鍋，倒入適量的油，將蒜末以及大洋蔥碎炒香，加入絞肉炒熟。

2 加入調味料調味，稍微炒拌即可起鍋。依序將白飯、生菜絲、炒碎肉盛在盤子上。再淋上莎莎醬，再撒上起司片即可。

莎莎醬的作法

番茄去籽切小丁，青椒切碎待用。與其他莎莎醬的材料放入容器中，混合均勻。送進冰箱冷藏約2-3個小時即可食用。

hippoMum の Tips

塔可飯的重要關鍵就在於莎莎醬（Salsa sauce）。莎莎醬是墨西哥酸辣醬。現成的莎莎醬有點辣椒。自製莎莎醬可自行斟酌辣椒醬的量。

讓小朋友也能一起享用這異國風味的塔可飯。製作流程很簡單，將準備好的材料混合均勻，送進冰箱冷藏即可。

自製的莎莎醬可冷藏保存約2-3天。除了沖繩塔可飯，從清淡的嫩豆腐，到煎炸的料理，都能跟莎莎醬做完美的配合。馬上一起動手做吧！

義式
海鮮燉飯
(Risotto)

正統的義式燉飯是以生米煮成飯，而且都會留米心！
過程中需要不斷地翻攪著米至到湯汁被米吸收
翻炒途中一個不留意，還可能將米飯煮焦！
直接用白飯來取代生米，
更節省時間，在家也可以輕鬆做義式燉飯！

炒鍋

材料 — 2人份

白飯	250g
冷凍綜合海鮮	150g
大洋蔥	1/4顆
櫛瓜	半條
甜椒	1/2顆
蒜頭(切碎)	1瓣
自製萬能番茄醬	2杯量

(作法請參考88頁)

白酒	50ml
水	80ml
起司粉	適量

調味料

鹽	適量
白胡椒	適量

作法

1. 大洋蔥切碎，櫛瓜及甜椒去籽切丁待用。

2. 熱炒鍋，倒入適量的橄欖油，將大洋蔥碎炒至透明後，加入櫛瓜及甜椒丁翻炒。倒入萬能番茄醬、白酒、水及蒜茸，加蓋以小火悶煮約8分鐘。

3. 把綜合海鮮加入，再次煮滾後將白飯倒入鍋中拌均，以中小火煮約3分鐘。最後加入鹽略微拌炒，盛於盤中，撒上白胡椒及起司粉即可。

hippoMum の Tips

喜歡吃米飯粒粒分明的燉飯，可以縮短燉煮的時間。
醬汁也不會太濃稠，很清爽鮮美的一道義式燉飯！

雙色
五平餅

五平餅在日語是唸 "Gohei Mochi"。
因此一直以為五平餅
是用糯米作成的麻糬，
其實它是用米飯去烤再塗上特製的味噌
或醬油的點心。
吃起來很香酥、內軟，
伴隨米飯的香味、醬料的香氣，
口感真的很不錯。

迷迭香煎
鱈魚丼

鱈魚烹調法常用來清蒸與油炸，
這次簡單地用迷迭香把鱈魚煎好，
將薑絲以及山芹菜混合在白飯中，
把食材裝滿大碗公，10分鐘內就可以吃到健康的香草蓋飯。

平底鍋

材料 — 2人份

白飯	300g
鱈魚	2片（約300g）
溫泉蛋	2顆
（作法請參考17頁）	
大白蔥	1/2條
山芹菜	半束（約15g）
薑（切絲）	半塊

調味料A

鹽	適量
白胡椒	適量
迷迭香（切碎）	適量

調味料B

蒜頭（切碎）	1瓣
料理酒	3又1/2大匙

作法

1　鱈魚洗淨抹乾水分，撒上調味料A待用。

2　大白蔥切小段，把山芹菜的葉跟梗分開，山芹菜梗切小段待用。

3　熱平底鍋倒入少許的油，將鱈魚以及大白蔥煎至兩面金黃微焦。

4　倒入調味料B，上蓋燜煎約4分鐘即可。

5　在容器中，將白飯、薑絲以及山芹菜拌勻，盛在碗中。並淋上燜煎魚所剩下的鮮美魚汁。

6　擺上鱈魚、大白蔥段、溫泉蛋以及山芹菜。最後淋上少許醬油以及香油即可上桌。

 hippoMum の Tips

煎魚前除了要將魚肉水份拭乾，也可以撒上一層薄薄的低筋麵粉去煎。魚下鍋後不要急著翻動它，以避免魚肉沾鍋而支離破碎。

雙色
五平餅

小烤箱

材料 — 6個份

白飯	300g

味噌醬材料

味噌	1大匙
砂糖	1大匙
味酥	1大匙

芝麻醬材料

芝麻研磨粉	2大匙
砂糖	1大匙
醬油	1大匙
溫水	1小匙
太白粉	1/2小匙

作法

1 將味噌醬材料以及芝麻醬材料分別倒在不同的容器中，拌勻待用。

2 在大容器中，將白飯趁熱以擀麵棍搗成有點黏性的飯糰。
NOTE：但別搗得太過度！稍微可見米粒即可。這樣吃起來比較有口感。

3 把飯糰②分割成6等份，用保鮮膜包裹起來整成橢圓狀，然後插入冰淇淋木棒，再來將冰淇淋木棒部分，用鋁箔紙包裹起來。

4 重複以上步驟③，完成其他5個飯糰製成五平餅。

hippoMum の Tips

飯要熱才能順利搗壓。若是使用剩飯，請先加熱。將冰淇淋木棒用鋁箔紙包裹起來，可避免被烤得焦黑。也可以將飯糰捏成三角飯糰或圓飯糰，塗上醬料去烤，就是美味的烤飯糰。

平底鍋煎五平安餅的作法：
1 在評底鍋內則抹層薄油，將五平餅④放入鍋中以小火煎。
2 煎至五平餅底部有點金黃微焦後，翻面塗上醬料①，繼續煎至金黃色即可。

5 將五平餅④排列在烤網上，放入小烤箱烤約6分鐘，翻面塗上醬料①，再烤約6分鐘至表面成焦色。

6 最後在味噌醬五平餅上撒些巴西利，在芝麻醬五平餅上撒些白芝麻即可。

雞丁白醬焗烤飯（Doria）

把很多大小朋友都喜歡的番茄醬炒飯，
直接放入烤碗中，
淋上自製奶油白醬以及起司去烤。
白醬濃郁的鮮奶油風味與滑順口感，加上表皮酥脆！簡單又好吃！
內餡食材還可以自由變換，就算很普通的番茄醬口味的蛋炒飯也不遜色！

材料 — 2-3人份

白飯	350g
去骨雞腿肉1隻（約250g）	
大洋蔥	1/2顆（約100g）
青椒	1顆（約40g）
起司絲	適量
番茄醬	3又1/2大匙
節約的奶油白醬	適量

（作法請參考89頁）

調味料

鹽	適量
白胡椒	適量
醬油	1小匙

作法

1. 將雞腿肉切丁；大洋蔥和青椒切碎待用。
2. 熱炒鍋，倒入適量的油，爆香①大洋蔥，倒入雞丁炒至金黃色微焦。
3. 加入①青椒快炒後，將白飯也下鍋拌炒，並加入番茄醬炒至鬆散。
4. 以鹽、胡椒以及醬油作調味。
5. 將炒飯均分盛入耐熱烤碗中，淋上奶油白醬後，再撒上適量的起司絲。
6. 放入預熱烤箱（註*），表面烤至金黃色微焦即可。

（註*）大烤箱：200℃烤約15分鐘

　　　小烤箱：預熱5分鐘，以強火（1000w）烤約10~15分鐘

hippoMum の Tips

喜歡幸辣味的朋友，在炒飯中加入辣椒醬炒拌，可增加風味！更可以將米飯轉換成麵條。甚至還可以用成焗烤時菜以及奶油燉時菜。使用當季的食材，不論那個季節都是那麼受歡迎！

在日本這段日子，
讓我印象最深的就是這道 " かき揚げ丼 "
（羅馬拼音：Kaki-Age-Don）。
Kaki＝牡蠣＝ Oyster, Age ＝油炸＝ Fried
所以 Kaki ＋ age 自然就認為是 " 炸牡蠣 "。
當然，最後擺在我面前的 Kaki-Age-Don
（日語譯音：かき揚げ丼），
不是我所想像中的香酥炸牡蠣丼（蓋飯），
而是材料豐富並鎖住食材鮮甜的炸什錦丼。

平底鍋

炸什錦
里肌肉
蔬菜丼

材料 — 2-3人份

白飯	400g
雞里肌肉	200g
大洋蔥	1/2顆
紅色甜椒	1顆
四季豆	90g

炸什錦麵糊的材料

低筋麵粉	55g
太白粉	15g
全蛋	1顆份
冷水	80ml

炸什錦用醬汁的材料

萬能高湯	100ml

（作法請參考10頁）

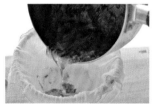

醬油	60ml
砂糖	2小匙

作法

1　將所有炸什錦用醬汁的材料倒入鍋中，煮至沸騰待用。

2　將雞里肌肉的筋取出，燙熟剝成絲狀。

3　大洋蔥切薄片、甜椒以及四季豆切小段待用。

4　把低筋麵粉以及太白粉混勻待用。

5　在大容器中將所有②③的材料倒入，將④分次倒入拌勻。

6　將冷水慢慢倒入⑤攪拌，之後也將蛋液慢慢拌入，形成黏稠度就OK。

7　將⑥用成適度的量，放入170℃油鍋去炸，炸好濾油即可。（預計可作8-10個炸什錦）

8　先在盛了白飯的碗中淋上①炸什錦用醬汁，在擺放⑦炸什錦，再次淋上少許的①炸什錦用醬汁後，撒些七味辣椒粉即可上桌。

hippoMum の Tips

　　使用上端連著未分開的那種衛生筷。將雞里肌肉的筋夾在衛生筷之間，握緊筷子就可以輕易地將筋拉出。

　　我家的炸什錦麵糊配方都會加入太白粉。除了可以持久保留著炸什錦香酥的口感，也可增加食材的粘稠度，在油炸時不容易鬆散。

紅醬
脆皮雞排飯

只追加了一個小小的步驟，就可以簡單地煎出又香又脆的雞排。
再淋上自製的萬能番茄醬，頓時成了義風味的雞排飯。

湯鍋
平底鍋

材料 — 2人份

白飯	300g
去骨雞腿肉	400g

自製萬能番茄醬的材料
（約3杯量）

番茄罐頭（整粒）	2罐
蒜頭（切片）	2瓣
湯塊	1塊
月桂葉	1片
羅勒（九層塔）（切碎）	6片
白酒	1/3杯量

作法

1 在雞腿肉較厚的部份橫剖開
但不切斷。

2 然後去筋，用適量的鹽以及
黑胡椒調味。

3 熱平底鍋倒入適量的橄欖
油，將雞皮朝下放入後，依序
將鋁箔紙、鍋子壓在雞腿上。

4 以中火去煎約5-6分鐘，
煎至表面金黃色微焦。翻面，
再次將鋁箔紙、鍋子壓在雞腿
上，煎約2-3分鐘。

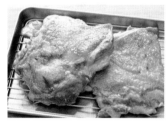

5 雞腿起鍋後切塊盛於盤中，
淋上適量的萬能番茄醬及以九
層塔裝飾即可。

hippoMum の Tips

　　將雞腿肉橫剖開，可讓厚薄
不均的部份均勻受熱。而用鍋子
壓在雞腿上，可避免肉在煎的時
候收縮。請用吸油紙（或廚房紙
巾）將鍋內的污油去除，以免影
響到肉的色澤以及味道。

　　白酒經過加熱之後，酒精會
揮發掉，讓番茄醬更增添美味。
所以小朋友也可以吃。製作好的
番茄醬料，建議放置一夜才用，
風味更棒！

　　番茄罐頭入菜省錢、省時又方
便！將自製番茄醬倍分煮好，並
且分裝冷凍起來。是一道經濟的
常備醬料！

自製萬能番茄醬的作法

1 將番茄罐頭（連罐中醬汁）一起倒入容器中，把番茄果肉弄碎。

2 以2/3杯量的水（份量外）灌入罐頭內，將殘餘的果醬取出並倒在同一個容器中待用。

3 熱鍋倒入適量的橄欖油，爆香蒜片。

4 倒入①番茄果醬、湯塊、月桂葉、羅勒及白酒。

5 在沒有上蓋的狀態下，以大火烹煮約10-15分鐘。

6 過程中不停地攪拌著醬料，以避免焦鍋底。

7 煮至醬料變稠時，以適量的鹽以及黑胡椒作調味即可。

簡單及節約的
奶油白醬

自製奶油白醬沒有想像中複雜！
只需三種材料，宅在家也可以
輕鬆完成屬於我家風味的白醬。
更不再顧慮烹煮過程，
擔心焦鍋的失敗經歷，
非常適合用來作白醬義大利麵、
焗烤飯、奶油燉菜、濃湯等。
還可以塗在土司上烤也很讚。
一醬多吃，不但省時
還能減輕家計的負擔！
因為這道白醬是由剩飯大改造而成。

鍋子　　攪拌機

材料 — 約2杯量	
白飯	160g
鮮奶	350ml
奶油	20g

調味料	
高湯粉	1小匙
鹽	適量
白胡椒	適量

作法

1. 依序將奶油、鮮奶以及白飯
   倒入鍋中，煮至沸騰後加入
   調味料。再次煮滾後熄火，
   讓奶油飯糊稍微降溫。

2. 分次將①奶油飯粒糊倒入
   果汁攪拌機或食物調理機
   內，打成糊狀即可。

hippoMum の Tips

　　一旦溫度開始降低，奶油白醬的濃稠度會增加，甚至上層會有
點凝結。若覺得太濃，可慢慢加入少許鮮奶或水調拌。加入高湯一
起熬煮，就是另一道濃郁滑順的奶油濃湯。

Q 如何保存用不完的白醬：

A 將奶油白醬個別用密封袋分裝好，冷凍起來。置於冷藏保存約三
天，而冷凍保存約三個星期。冷藏後若覺得太濃，使用前可加入少
許鮮奶調拌。

蔬菜滿點的
乾咖哩飯

多吃蔬菜對身體好。

但是一餐所吃下的蔬菜種類以及量都有限，

媽咪就將百分百的蔬菜果汁融入咖哩中，

讓肉醬充分吸收了蔬果汁，再配上伍斯特香醋醬，

那種甜而不膩還帶點酸的美味，讓白飯一口接一口。

還可以改善孩子不喜歡吃蔬菜的偏食習慣，

讓孩子自豪媽媽的咖哩最美味！

平底鍋

材料 — 2-3人份

溫白飯	400g
豬絞肉	250g
大洋蔥（切碎）	1/2顆
薑（切碎）	1小匙
蒜頭（切碎）	1瓣
青椒	2顆
茄子	1條
辣椒乾	1根
咖哩粉	1-2大匙

蔬果汁咖哩醬的材料

100% 蔬菜果汁	250ml
番茄醬	2大匙
伍斯特香醋醬	1大匙
高湯粉	1小匙

調味料

鹽	適量
黑胡椒	適量

作法

1 將青椒以及茄子切成粗段。

2 熱平底鍋倒入適量的油，把茄子兩面都煎至微焦後，上蓋燜煎約2-3分鐘起鍋。

3 同樣也將青椒炒好待用。

4 熱炒鍋倒入適量的油，爆香大洋蔥碎、薑末、蒜茸及辣椒乾，加入絞肉炒熟。

5 加入咖哩醬所有的材料稍微拌一拌，以中小火烹煮約10分鐘。

6 之後加入咖哩粉拌勻後，繼續烹煮約5分鐘。

7 大約醬汁都被吸收（如圖），以調味料調味後即可起鍋。

8 盛好白飯，淋上咖哩肉醬後，放上生菜、番茄片以及②③的清炒蔬菜即可上桌。

hippoMum の Tips

伍斯特香醋醬主要是由蔬果、香辛料、醋、砂糖等材料製作而成蔬果香醋醬。它的色澤黑褐，味道酸甜微辣。除了肉料理，用來炒麵做沙拉也很美味。

Q 到哪可購買伍斯特香醋醬（ウスターソース /Worcestershire Sauce）？

A 可在日系超市買得到，品牌有"Bull-Dog" ウスターソース 或 "Kagome" ウスターソース。又或者英國品牌的"Lea&Perrins"Worcestershire Sauce也OK。

韓式風 海苔捲

日式壽司捲是以海苔片捲著那種酸酸甜甜的醋飯及
鮮美的配料的飯卷；
韓國風海苔捲的飯卻不是壽司飯，
而是拌入芝麻油（或香油）及芝麻的白飯，
有種很特別的麻油香味，越吃越愛！

湯鍋

材料 — 2條份，約2-3人份

白飯	400g
海苔	2片
小黃瓜	半根
菠菜	1束（約80g）
胡蘿蔔	半根
蟹肉棒	4條
厚玉子燒	2片

（作法請參考74頁）

調味料：
韓式漬菜用（Namul）

白芝麻研磨粉	1大匙
醬油	2小匙
芝麻油	2小匙
韓式辣醬（Gochujang）	1小匙

作法

1 小黃瓜洗淨橫切成條狀待用。將菠菜洗淨燙好，瀝乾後切成2等份的長度待用。胡蘿蔔去皮切絲燙好待用。

2 把調味料混均後，將②一起拌入作成韓式漬菜（Namul）。

3 海苔片較粗的一面朝上鋪在壽司竹簾上，全面塗上適量的芝麻油（份量外）並撒上適量的鹽（份量外）。

4 鋪上1/2的白飯，在海苔片上均勻地推開。在白飯上2/3位置，放上1/2量的食材（蟹肉棒、小黃瓜條、韓式漬菜②、厚玉子燒）。

5 捲成海苔捲。重複以上步驟④製作第2條海苔捲，最後切成適當厚片盛盤即可。

hippoMum の Tips

若沒有壽司竹簾，直接使用保鮮膜也可成功捲出美味的海苔捲。建議使用手套，可輕易將白飯均勻地在海苔上推開。捲海苔捲時要壓緊，一路推捲過去至到收口處。可收口處抹些水或美乃滋，有著接著劑的效果。

每切一刀請用塊沾濕的乾淨抹布清一下刀面，再慢慢地切下去。千萬別一刀到底，才可切出漂亮的海苔捲哦！

| 豆腐 |

超省錢低熱量又健康

Tofu

手作
稻荷壽司
（豆皮壽司）

繼飯糰之後，豆皮壽司就是出遊時最方便準備、最受歡迎的。
方形豆腐皮在一般超市可以賣得到，
但市售的豆皮品質不一，不是太甜就是太鹹，
而且價格也不太親切！自己動手作可讓美味加分！

鍋子

材料 — 2-3人份 —
方形豆皮 約8~10顆

炸豆皮	10個
(8cm x 6cm 方形豆皮)	
白芝麻	適量

調味豆皮醬汁的材料

料理酒	100ml
醬油	5大匙
砂糖	5大匙
味醂	4大匙
水	1又1/2杯量

壽司飯的材料

生米	2量米杯
（約360ml）	
水	360ml

壽司醋的材料

醋	50ml
砂糖	4小匙
鹽	1小匙

豆皮的作法

1 用筷子在炸豆皮上滾壓2~3回，然後將炸豆皮其中一端剪開，小心地把炸豆皮剝開成個小口袋。

2 準備一個裝了清水的湯鍋，水煮至沸騰後加入豆皮，以小火煮2~3分鐘。撈起後用冷水稍微沖洗，濾乾待用。

3 所有醬汁材料倒入鍋中，煮至沸騰。

4 放入②炸豆皮。舖上廚房紙巾，以小火煮約20~25分鐘。

5 熄火放涼後即可食用。

壽司飯的作法

6 將熱騰騰煮好的飯，取出倒入大容器中，加入調勻的壽司醋趁熱拌勻。拌壽司飯時，用飯杓像是切飯般地將壽司醋和飯混合。

7 然後用一塊擰乾的濕布蓋在拌均的壽司飯上待用。這時可準備壽司食材。

鯉魚旗造型
豆皮壽司

1 將壽司飯整成8顆份（約50g）橢圓形的壽司飯糰。然後將一顆份壽司飯把豆皮塞滿即可。此外將豆皮翻過來，就是雙色豆皮壽司。

2 準備造型食材： 魚肉香腸或 火腿片、起司片、黑芝麻、小番茄、海苔片

3 將切片的魚肉香腸或火腿片作成魚鱗。起司片或蛋皮 作成眼白，貼上海苔作成的眼睛。

4 最後以番茄片作為可愛的腮紅、再撒上適量黑芝麻即可。

hippoMum の Tips

媽咪這次所選用的炸豆皮是小巧型！若所採購的炸豆皮比較大個，請在步驟①之前對切才開始製作。
炸過的食材要再煮或滷都要預先汆燙一下，這樣才能把油味去掉。

Q 吃不完的調味豆皮如何保存？
A 把豆皮放在容器中，鋪上廚房紙巾後上蓋，可保存約一個星期。或 將適量的豆皮個別用保鮮膜包好，放入密封袋中，可冷凍保存約三個星期。將需要的量從凍箱取出，並自然解凍即可食用。

Q 為甚麼沒有到扇子來搧涼壽司飯？？
A 一般都是用扇子來搧涼冷卻壽司飯。而這是一位霸醬教媽咪的做法！
這樣的冷卻方式能讓壽司飯更入味，口感更好，飯粒更有光澤！
而用塊擰乾的濕布蓋在拌均的壽司飯，可防止壽司飯變乾。

此便當中的日式玉子燒（作法請參考74頁）。

炸豬排風
豆腐肉捲

把少量的肉片捲著一大塊的豆腐塊，做成香酥的炸豬排，
讓原本單薄的肉片，變得更豪華更豐富。
炸豬排的軟肉質、豆腐的嫩，
再搭配簡單調製的蘸醬，酥脆爽口。

油鍋

材料 — 2-3人份

傳統豆腐	300g
梅花肉片　4片	（約100g）
紫蘇葉	4片

麵衣的材料

低筋麵粉	4大匙
冷水	3大匙

手工麵包粉的材料

冷凍土司	適量

作法

1　用廚房紙巾將豆腐包裹起來，用稍微有些重量的容器壓在豆腐上（如圖），放置約15分鐘以除去多餘的水分，縱切再切半成4等份待用。

2　預先將土司放進冷凍庫冷凍，再用磨泥器將土司磨碎待用。

3　在肉片上撒些鹽以及白胡椒，將①豆腐塊以及紫蘇葉捲起來。

4　把麵衣材料攪拌勻勻後，將③豆腐肉捲依序沾裹上麵糊、麵包粉。放入170°C的油鍋炸至金黃色即可起鍋擺盤。沾著炸豬排醬（作法請參考51頁）一起吃特別的爽口。

 hippoMum の Tips

🅠 如何將豆腐的豆腥味除去？

🅐 豆腐以加了鹽的熱水汆燙撈
起，可去除豆腥味。之後再用廚
房紙巾將豆腐包裹起來，用稍微
有些重量的容器壓在豆腐上，放
置約15分鐘以除去多餘的水分；
使得豆腐在料理中更容易吸收調
味料。也建議先將豆腐切成需要
料理的大小，可縮短處理水分的
時間。

🅠 想做油炸料理時，卻才發現
   麵包粉不夠？

🅐 沒關係，只要有土司就可以
做出手工麵包粉。預先將土司放
進冷凍庫冷凍，再用磨泥器將土
司磨碎。所磨出來的麵包粉顆粒
的粗細，是以磨泥器的洞孔大小
來決定。也可以使用果汁攪拌機
或食物調理機來將冷凍的土司小
方塊打碎。

🅠 若在短時間內要用到麵包粉，
   卻沒有準備到冷凍的土司？

🅐 土司不需要包保鮮膜，直接
微波加熱蒸發水份即可用來磨
碎。用剩的手工麵包粉，用密封
袋裝好冷凍起來保存。

豆腐無骨
香酥雞塊

少量的肉加上豆腐，頓時讓食材增量，
不但能作出一道美味及可兼顧家人營養的菜餚，
還可照顧到家計簿，豆腐讓煮婦們更賢慧美麗。

油鍋

材料 ─ 3-4人份

嫩豆腐	300g
雞絞肉	250g
紫蘇葉	5片
太白粉	1大匙

調味料

鹽	1/3小匙
白胡椒	適量

作法

1 用廚房紙巾將豆腐包裹起來，用稍微有些重量的容器壓在豆腐上（如圖），放置約15分鐘以除去多餘的水分，切成大方塊待用。

2 將切碎的紫蘇葉、豆腐塊①、雞絞肉、太白粉以及調味料放入容器中。

3 把材料們搗碎後，裝入塑膠袋或擠花袋待用。

4 將③豆腐糊擠在湯匙上，放入170°C的油鍋炸至金黃色即可起鍋。

 hippoMum の Tips

用湯匙可以確保豆腐雞塊的大小。這道食譜除了是餐桌上受歡迎的香酥料理，使用茶匙來製作迷你豆腐雞塊，也很適合作為孩子們的一口小點心。在材料中也可加入玉米粒、蔥花、切丁的青椒等。讓孩子們不偏食，更愛媽媽的料理。

Q 如何將豆腐的豆腥味除去？

A 豆腐以加了鹽的熱水汆燙撈起，可去除豆腥味。之後再用廚房紙巾將豆腐包裹起來，用稍微有些重量的容器壓在豆腐上，放置約15分鐘以除去多餘的水分；使得豆腐在料理中更容易吸收調味料。也建議先將豆腐切成需要料理的大小，可縮短處理水分的時間。

看到多數的茶碗蒸作法都是，先把蛋汁蒸熟
之後才放上食材再去蒸，主要是讓食材可以固定在蒸蛋表層
這樣能讓茶碗蒸看起來美味又豐盛。
這次媽咪加了個滑嫩的食材，只須蒸一次就可上桌，賣相一樣讚。
之後再將茶碗蒸冷藏。
冰涼鮮滑又細嫩，在炎熱的夏天更是極品！

清涼滑嫩
冷茶碗蒸

材料 — 茶碗蒸用杯，約4杯份

嫩豆腐	150g
中型蝦	4隻
雞腿肉	50g
銀杏	4顆
鳴門卷（or 魚板）	4片
鮮香菇	1朵

蛋汁的材料

全蛋	2顆
鹽	適量
醬油	1/4小匙
萬能高湯	300ml

（作法請參考10頁）

作法

1　豆腐以冷開水洗淨後，用廚房紙巾包裹起來將水分去除，切成8等份待用。

2　準備製作蛋汁，將全蛋放在容器中打散，加入鹽以及醬油細拌均勻。再倒入高湯拌均後，用篩子過濾蛋汁。

3　將香菇去梗切成4等份、雞腿肉切丁、而蝦子剝殼留尾並去除沙線，再撒上些鹽（份量外）以及白胡椒待用。

4　首先將豆腐放入碗內做為底座，之後依序將其他食料放入。之後慢慢地將蛋汁②注入碗內，加蓋或蓋上保鮮膜。

5　準備一個可容納4杯碗的鍋子，鋪上一張廚房紙巾後，將碗④排列在鍋內。將水倒入鍋中，水位約3-4cm深，並蓋上鍋蓋。以大火煮至鍋內的水沸騰（約2-3分鐘），轉小火繼續蒸約16-18分鐘至熟即可。

hippoMum の Tips

若使用乾香菇，請洗淨後去梗並切成適當大小，用水泡軟即可料理。

用篩子將蛋液過濾，可濾掉雜質，也讓蛋液更細滑。

在蒸茶碗蒸時，注意鍋蓋不要完全蓋緊（一道縫隙），讓過熱的蒸氣有空隙散出，因為鍋內溫度太高，很容易造成蒸蛋表面有許多氣孔。如此所蒸出來的蛋才會漂亮滑嫩可口。

Q　如何讓豆腐保持新鮮水嫩：

A　將新鮮豆腐裝在容器中並泡在水中，水位必須淹蓋過豆腐，再放進冰箱冷藏。

可保存數日不壞，並記得每日換水以保持其鮮度。

需要料理時，先用冷水沖洗一下即可，且沒有豆腥味。

香煎豆腐排佐塔塔醬

外皮香酥豆腐滑嫩的口感，
再淋上特製的塔塔醬，美味又健康的豆腐排。

平底鍋

材料 — 2人份

傳統豆腐	300g
低筋麵粉	適量
鹽	適量

塔塔醬的材料

水煮蛋	1顆
美乃滋	3大匙
芥末籽醬	2小匙

作法

1 將豆腐縱切片，用廚房紙巾將豆腐包裹起來，放置約15-30分鐘以除去多餘的水分。

hippoMum の Tips

若在時間內急著要開始料理，可用稍微有些重量的容器壓在豆腐上，可縮短處理水分的時間。

2 來準備塔塔醬。先將剝殼的水煮蛋搗碎，再將美乃滋以及芥末籽醬加入拌勻待用。

3 在淺盤中將低筋麵粉以及鹽混合，把①豆腐排每一個面都沾裹上麵粉。

4 將平底鍋加熱，倒入適量的油，以中火將豆腐排煎至兩面金黃微焦，即可盛盤。淋上適量的塔塔醬，再用配上生菜以及番茄即完成。

日式炸豆腐

在日本是道家喻戶曉的料理，
不但材料簡便，製作上也不困難。
味道清淡的豆腐在炸過後淋上醬汁，醇香不油膩，
趁熱食用，外皮香酥豆腐滑嫩細緻的口感，
讓人忍不住一塊接著一塊。

油鍋

材料 — 2人份

嫩豆腐	300g
太白粉	2大匙
低筋麵粉	3大匙
秋葵	6條
蝦子	4隻
白蘿蔔泥	適量
薑泥	適量
蔥花	適量

醬汁的材料

萬能高湯	200ml

（作法請參考10頁）

醬油	3大匙
味醂	3大匙

作法

1. 用廚房紙巾將豆腐包裹起來，放置約15分鐘以除去多餘的水分，然後切成適當的大方塊待用。

2. 將所有醬汁材料倒入鍋中，煮至沸騰熄火待用。

3. 太白粉以及低筋麵粉混合待用。

4. 將切塊豆腐①沾裹上一層薄麵粉③，放入170℃的油鍋炸至豆腐周邊變酥脆、色澤成淡黃色並浮出油面時即可起鍋瀝油。最後也將秋葵以及蝦子炸好撈起。

5. 將豆腐酥盛盤，淋醬鍋汁②後，放上白蘿蔔泥、薑泥、秋葵、蝦子以及撒上蔥花即可。

hippoMum の Tips

要確保豆腐外酥內嫩，油炸豆腐時，火不能太小否則容易吸油！也別一直翻動豆腐，至到豆腐周邊變酥脆才翻面。

免烤豆腐 起士蛋糕

免烤起士蛋糕吃起來的口感好像慕絲奶凍。

起司蛋糕的主要材料當然少不了奶油起司及鮮奶油，

兼顧家人的健康與省錢考量，這個食譜將原有的主要材料做了小小更改。

以優格來取代鮮奶油及奶油起司的量減半，改用豆腐，

沒想到起司的風味依然，還增添了豆腐那清淡的香味，

整體口感十分協調。

起司蛋糕體的材料 — 6吋（15cm）慕斯模或活動圓模1份

材料	份量
嫩豆腐	150g
奶油乳酪（cream cheese）	100g
原味優格	80g
砂糖	50g
檸檬汁	1大匙
吉利丁片（gelatine sheet）	10g
消化餅	60g
奶油	40g
杏桃果醬	60g
吉利丁片（gelatine sheet）	3g
覆盆子又稱木莓	適量
奇異果	適量

作法

1　將消化餅放入塑膠袋中，以擀麵棍壓碎，加入溶化的奶油混合。

2　鋪到模型底部壓平壓緊，放入冰箱冷藏待用。

3　將奶油起司切小塊，放室溫軟化待用。

4　豆腐以冷開水洗淨後，用廚房紙巾包裹起來將水分去除，搗碎待用。

5　將10g吉利丁以水泡軟擠乾水分後，加入2大匙的水，隔水加熱融化待用。

6　在容器中，將砂糖與奶油起司③攪打至稠狀，倒入優格攪拌後，加入豆腐糊④混合均勻，再依序加入檸檬汁以及吉利丁水⑤充分拌勻。

7　把起司糊⑥倒入模型②內，放入冰箱冷藏約4小時或以上。

8 將3g吉利丁以水泡軟擠乾水分後，加入2大匙的水，隔水加熱融化。加入杏桃果醬拌匀。倒在已凝固的蛋糕體⑦之上。

9 再次送入冰箱冷藏，待其蛋糕體凝固後脫模即可食用。

只有豆腐甜點以及涼豆腐的豆腐，媽咪會用冷開水沖洗後馬上料理。若在意豆腐的一股豆腥味，可以使用以下方式將豆腐預先處理。

Q 如何將豆腐的豆腥味除去？

A 豆腐以加了鹽的熱水汆燙撈起，可去除豆腥味。之後再用廚房紙巾將豆腐包裹起來，用稍微有些重量的容器壓在豆腐上，放置約15分鐘以除去多餘的水分；使得豆腐在料理中更容易吸收調味料。也建議先將豆腐切成需要料理的大小，可縮短處理水分的時間。

在起司糊內加檸檬汁，是為了沖淡奶油起司的濃膩感，那微微的酸能讓口味倍增。

將起司蛋糕從冰箱取出後，以熱毛巾圍繞著模型外圍熱敷幾秒，讓蛋糕周圍稍融化後就可順利脫模！除了蛋糕專用的模型，也可以用布丁杯來做這款免烤起司蛋糕。（布丁杯約4個）用來招待朋友大方又好看。

芝麻柚子風 豆腐沙拉

冰箱

柚子的清香可在炎熱天氣及時消暑。
滑嫩的豆腐，配上脆口的小黃瓜以及鮮美的蟹肉棒，
最適合作為開胃的前菜，簡單又美味！

材料 — 2-3人份

嫩豆腐	150g
蟹肉棒	8條
小黃瓜	2條

和風沙拉醬的材料

研磨白芝麻粉	2大匙
醋	1大匙
柚子果汁	1-2小匙
醬油	2小匙
沙拉油	2小匙

作法

1 豆腐以冷開水洗淨後，用廚房紙巾包裹起來將水分去除，然後切成小方塊待用。

🍮 hippoMum の Tips

依個人對豆腐口感的要求，也可使用傳統豆腐來製作。

❓ 如何讓豆腐保持新鮮水嫩？

🅰 將新鮮豆腐裝在容器中並泡在水中，水位必須淹蓋過豆腐，再放進冰箱冷藏。可保存數日不壞，並記得每日換水以保持其鮮度。需要料理時，先用冷水沖洗一下即可，且沒有豆腥味。

2 蟹肉棒及小黃瓜切丁待用。

3 將所有沙拉醬的材料倒入容器中，拌勻待用。

4 在容器中將①②混合盛盤，食用前淋上沙拉醬③即可。

紅豆奶
迷你冰棒

三種食材就可以輕鬆做出美味又衛生的冰棒！
這樣的迷你小冰棒，
不用一次吃一大根的冰，對小朋友來說剛剛好，
孩子吃得開心，媽媽也安心。

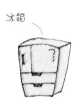
冰箱

材料 — 小紙杯5個

無糖豆漿	180ml
煉乳	60ml
蜜紅豆（罐頭）	160g

作法

1 在容器中，依序將豆漿→煉乳→蜜紅豆混合均勻。

2 用叉子稍微將蜜紅豆搗碎。

3 將來①分裝在準備好的紙杯或冰棒模型中。

4 蓋上鋁箔紙，把冰淇淋棒固定在紅豆奶的中間。

5 放進冷凍庫約2-3小時，待冰棒凝固即可食用。

hippoMum の Tips

自家烹煮的紅豆湯也可以用來製作這道冰棒。只取紅豆，煉乳的甜度依照紅豆湯的甜度自行調整。

冰箱中最常見的製冰盒也可以好好利用。將一顆顆凝固的紅豆奶冰塊，盛在杯中，擠上美味的奶油花，用來招待客人大方又好看。

想做新鮮美味的布丁給家人當下午茶,家裡
卻沒有烤箱?

不用蒸也不用烤,只需將材料們拌好,倒入模型放進
冰箱冷藏即可。這款香濃豆漿凍布丁的口感像烤布
蕾,比一般布丁口感稍微軟些、有點像豆花,配搭清
爽的糖漬小番茄,深得孩子們的喜愛,在炎熱的夏天
最適合不過了!

香濃豆漿凍布丁

冰箱

材料 — 3-4人份	
無糖豆漿	300ml
蛋黃	2顆份
砂糖	25g
吉利丁片 (gelatine sheet)	5g
香草精	適量

糖漬小番茄的材料 —10顆份	
小番茄	10顆
砂糖	80g
水	80ml
檸檬汁	1小匙

作法

1. 將吉利丁以冷水泡軟後瀝乾,加入2大匙的水,隔水加熱融化待用。

2. 在容器中,將蛋黃與砂糖均勻攪拌至呈淡黃色時,倒入無糖豆漿充分拌勻。再依序加入吉利丁水①以及香草精混合均勻。

3. 用篩網將豆漿蛋液過濾後倒入布丁杯中,放入冰箱冷藏約4小時或以上凝固定型。食用前,以糖漬小番茄以及鮮奶油作些小裝飾即可。

糖漬小番茄的作法

4. 將砂糖以及水分倒入鍋中,煮至沸騰放涼待用。

5. 在小番茄底部輕輕畫"十"字,放入滾水氽燙約30秒撈起,泡冷水快速去皮。

6. 糖水①放涼後,加入去皮小番茄②,再加入檸檬汁醃漬。

7. 放進冰箱漬約半天即可食用。

hippoMum の Tips

吉利丁片1片=2.5g=1/2小匙吉利丁粉,也可以用果凍粉或洋菜來替代吉利丁片,但口感會有些差異,或將無糖豆漿可以換成鮮奶,口感會很嫩。

而在製作布丁液時,一定要過篩處理多餘的氣泡,才能做出光滑細緻的布丁,若倒入容器中的布丁液,表面依然還有出現小氣泡,請用竹子將小氣泡刺破才送進冰箱。

義式清爽 涼豆腐

天氣炎熱沒有食慾，又不想在廚房開伙煮炒，
這道清爽的涼豆腐是最佳選擇！
只需打開冰箱取出冰涼的豆腐，
淋上開胃的義式沙拉醬，就是一道即消暑又簡易小菜。

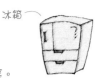

冰箱

材料 — 3-5顆份

傳統豆腐	300g
番茄（切丁）	120g
羅勒（或九層塔）	適量

義式沙拉醬的材料

蒜頭（切片）	1瓣
醋	1小匙
醬油	1小匙
橄欖油	1大匙
鹽	適量
白胡椒	適量

hippoMum の Tips

依個人對豆腐口感的要求，
也可使用嫩豆腐來製作。

作法

1. 將所有沙拉醬的材料倒入容器中，拌勻待用。

2. 豆腐以冷開水洗淨後，用廚房紙巾將水分輕輕抹掉。然後切成大方塊待用。

3. 將②豆腐塊盛盤，依序撒上番茄丁以及羅勒。最後淋上①義式沙拉醬即可。

材料 — 2-3人份

傳統豆腐	300g
大白蔥	半條
薑絲	適量
香菜	適量

調味料

醬油	1小匙
蠔油	1大匙
砂糖	1小匙
料理酒	1大匙
香菜碎	1小匙
研磨芝麻粉	3大匙
香油	2小匙

作法

1. 用廚房紙巾將豆腐包裹起來，用稍微有些重量的容器壓在豆腐上（如圖），放置約15分鐘以除去多餘的水分，切成小方塊待用。

2. 把大白蔥切成*白髮蔥絲泡入冷水待用。

3. 拉開兩張寬度適當的鋁箔紙並重疊起來，將1/2的豆腐塊①放在鋁箔紙之上，淋上1/2的調味料後包裹起來。

4. 放進預熱了約5分鐘的小烤箱，烤約12分鐘。撒上白蔥絲以及薑絲即可。

豆腐鋁箔燒

小烤箱

涼拌豆腐、冷豆腐是夏天涼菜的首選！
這次來換個作法換個口味，
在炎熱的夏天時，不需要在廚房裡熱太久就可以吃到，
香濃滑嫩又溫暖的豆腐燒。

hippoMum の Tips

白髮蔥絲作法
把大白蔥白色切段，剖開取出綠色的芯後，
切絲泡入冷水。

麵粉

披薩蛋糕餅乾 ... 媽媽什麼都會！

Flour

平底鍋
烤披薩

話說某個週末，家中的大烤箱正在發酵著麵團準備烤土司，
兒子卻在這時候說想要吃披薩。
參考了好友 Melody 的平底鍋烤 Pizza 的做法，
將媽咪原有的烤箱披薩食譜，
改用平底鍋來煎，一樣也可以吃到香噴噴的披薩！

平底鍋

材料 — 22cm 直徑的披薩一片

披薩餡料	自由搭配
橄欖油	適量
起司絲	適量
黑胡椒	適量
自製萬能番茄醬	適量

（作法請參考88頁）

披薩皮材料

高筋麵粉	90g
低筋麵粉	40g
無鹽奶油	15g
快速酵母粉	3g
砂糖	10g
溫開水	65-70ml
鹽	2g

作法

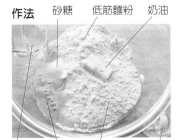

砂糖　低筋麵粉　奶油

溫開水　酵母粉　高筋麵粉　鹽

1　把所有材料（如圖般的排列）倒入容器中。

2　將溫水直接倒在快速酵母粉和砂糖上，開始攪拌至酵母糖漿。

3　慢慢將酵母糖漿撥開跟其他材料（鹽除外）攪拌，最後才將鹽一起混合成麵團。

4　在同一個容器中，把麵團由內往外推展，然後將麵團折回。

5　重複以上這推展折回的動作，約5分鐘。

6　接下來也重複將麵團，拋打至到光滑不黏手，約5分鐘。

7　將有彈性的麵團收成圓球，蓋上保鮮膜，以30℃ 60分鐘作第一次發酵。

8 麵團會膨脹到一至兩倍大，用手指沾上高筋麵粉插入麵團中，指印不會彈回來就是完成發酵。

11 在焦黃餅皮表面先抹上一層橄欖油，之後塗上自製萬能番茄醬及黑胡椒。

12 開始鋪上自家喜愛的披薩餡料，撒上適量起司絲。上蓋以小火燗煎約15-18分鐘，起司完全融化即可。

9 在工作台上撒些麵粉，將空氣壓出後，擀成圓餅狀（直徑約20-25cm）。

10 在平底鍋內則抹層薄油，將餅皮放入鍋中，用叉子在餅皮上刺洞。以中火煎至餅皮底部有點金黃微焦後，將餅皮翻面並熄火。

 hippoMum の Tips

　　若沒有披薩醬，建議在自製萬能番茄醬（作法請參考88頁）中，加入適量番茄醬以及伍斯特香醋醬，調成自家風味的披薩醬。

自家風味的披薩醬
自製萬能番茄醬3大匙＋番茄醬2小匙＋伍斯特香醋醬1/2小匙

　　若餡料中有用到生鮮的蔬菜、海鮮或肉類，請事前燙熟或炒熟。因為是使用平底鍋，主要火力來源只有底部，所以披薩餡料不要放太厚或太多。此外表面的起司也很難烤到漂亮的金黃色。這時可在上桌之前，放進小烤箱加烤約4-5分鐘。
以下是使用大烤箱的作法：

用大烤箱的作法

1. 依照平底鍋的作法，從步驟①-⑦。
2. 把完成發酵的麵團移到工作台上，將麵團輕壓放氣。用擀麵棍擀成圓餅狀（直徑約20-25cm），再以叉子在餅皮上刺洞。
3. 在餅皮上均勻地塗上披薩醬，撒上些黑胡椒。鋪上自家喜愛的披薩餡料，撒上適量起司絲。放入預熱烤箱210℃，烤約15-20分鐘即可。

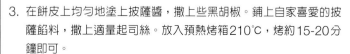

韓式
海鮮煎餅
（チヂミ）

常聽朋友抱怨說，很難買到沒有蔥蒜的韓國煎餅粉。
這款海鮮煎餅不需要韓國煎餅粉，
輕輕鬆鬆來調麵糊，拌入自己喜愛的食材，
素食的朋友宅在家也可以煎出香酥的韓式煎餅。

平底鍋

材料 — 2-3人份/20cm約2片

韭菜	1/2束
大白蔥	1/3支
大洋蔥	1/2顆
冷凍綜合海鮮	90g

麵糊材料

低筋麵粉	110g
太白粉	30g
全蛋	1顆
鹽	1/2小匙
香油	1大匙
冷水	100ml

煎餅蘸醬

醬油	2大匙
砂糖	2小匙
醋	1大匙
韓式辣椒醬	1/2小匙
香油	1/4小匙
白芝麻	1小匙

作法

1 將所有蘸醬材料拌勻待用。

2 預先將低筋麵粉以及太白粉過篩，在另一個容器中將所有製作麵糊的材料倒入。

3 把冷水分次加入調均待用。

4 韭菜切小段、大白蔥以及大洋蔥切薄片。

5 熱炒鍋，倒入適量的油，將綜合海鮮加些酒炒熟待用。

6 將③④⑤拌勻成蔬菜麵糊。

7 將平底鍋加熱，倒入適量的油，取1/2的蔬菜麵糊⑥倒在平底鍋中。

8 以中小火煎至金黃色後，再翻面繼續煎至香酥，盛起切片即可。

hippoMum の Tips

韓式煎餅食材的變化很廣，也可以加入胡蘿蔔、泡菜等食材，只要將食材切薄片或切絲去調麵糊即可，別有一番風味。

 hippoMum の Tips

　若是使用新鮮的鳳梨，焦糖材料
中的糖水配方（開水2：砂糖1）。

　煮焦糖的過程中不要攪拌，否則
糖漿會還原成顆粒狀！至到周圍出現
焦色時，才輕輕地由外往中心輕撥使
焦色均勻！

　核桃仁可以以小櫻桃來取代。金
黃配紅色高雅又好看。主角的鳳梨也
可用蘋果或地瓜來代替。

　這款蛋糕的口感很類似蒸蛋糕，
但是因為表層鳳梨的焦香，吃起來一
點也不輸給烤箱所出爐的蛋糕！

平底鍋烤
焦糖鳳梨蛋糕

想烤蛋糕給親愛的家人享用卻沒有烤箱！
只需一個"平底鍋"就可以完成。
而且是表層鳳梨的酸味加上焦糖的芳香氣味，譜出美味的交響曲。
配上香濃的黑咖啡，在家一樣可以享用幸福的下午茶。

平底鍋

材料 — 20cm 一片份

低筋麵粉	90g
泡打粉	1小匙
無鹽奶油	60g
砂糖	45g
全蛋	2顆
罐頭鳳梨厚切	4片
核桃仁（walnut）	適量
罐頭櫻桃	適量

焦糖的材料

無鹽奶油	15g
砂糖	20g
鳳梨罐頭的糖水	2大匙

作法

1 將核桃仁烤好，櫻桃切半，把鳳梨片的糖水用廚房紙巾除去多餘的水分。

2 將焦糖材料中的奶油以及砂糖倒入平底鍋內，以小火慢慢加熱。至到糖漿均勻呈現焦色時，即刻關火。然後加入鳳梨罐頭的糖水稍微拌一下。

3 將鳳梨片、櫻桃以及核桃仁排列在②的平底鍋內，上蓋待用。

4 在容器中，將砂糖與全蛋攪打均勻後，也倒入融解的奶油均勻地攪拌。

5 把過篩的低筋麵粉＋泡打粉倒入，用橡皮刮刀從底部翻攪上來將麵糊拌勻。

6 把麵糊倒入③的鳳梨焦糖上。然後上蓋以小火蒸煮約20-25分鐘。

7 用竹籤插入蛋糕，不會沾粘就OK。然後把盤子倒蓋在平底鍋上，手按著盤子反轉過來，即可將蛋糕倒扣取出。

美乃
香烤鹹蛋糕

以杯子蛋糕作為蛋糕體，將奶油以及砂糖的量稍微作些調整。
最後在杯子蛋糕上以美乃滋作為 topping 去烤。
加熱後的美乃滋，香氣溫暖了整間房子。
而加了水煮蛋，讓口味會多更多層次。
不論是早餐還是作為下午茶的點心，隨時都合口味！

烤箱

材料 — 2-3人份

低筋麵粉	120g
泡打粉	1小匙
全蛋液	1顆份
砂糖	20g
無鹽奶油	50g
鮮奶	70ml
鹽	2g
毛豆	30g
水煮蛋	3顆
美乃滋	適量
荷蘭芹	適量

作法

1 在容器中將全蛋液以及砂糖倒入，均勻地攪拌。再將溶解的奶油加入，繼續攪拌。

2 確實將奶油融合後，接下來也將鮮奶慢慢地拌入。

3 將1/2過篩的粉類（低筋麵粉＋泡打粉）倒入，

4 用橡皮刮刀從底部翻攪上來將麵糊拌勻。

5 把所剩的粉類全都倒入拌勻；最後也加入鹽以及毛豆混合。

6 將準備好的麵糊分裝在紙烤杯中（約6個）。將半切水煮蛋擺上，再淋上適量的美乃滋。

7 放入預熱烤箱，以180℃烤約20-25分鐘，以竹籤刺入蛋糕體不沾黏就OK。烤好之後撒上適量的荷蘭芹即可。

hippoMum の Tips

這款鹹蛋糕的魅力是，奶油不需要打發，只需將來所有材料攪拌均勻即可。簡單快速又美味！還可以用其他蔬菜或培根等來取代毛豆。

迷迭香
蔥油餅

短短的 15 分鐘內就可以完成的蔥油餅。
煎薄些很香酥，煎厚些鬆軟有如麵包，
最適合用來溫暖忙碌的早晨。

平底鍋

材料 — 3人份

低筋麵粉	150g
泡打粉	1又1/2小匙
鹽	1/3小匙
砂糖	2小匙
白胡椒	適量
蔥花	5大匙
迷迭香	1大匙
冷鮮奶	150ml
南瓜	1/4顆
麵包粉	30g

蘸醬的材料

醋	1大匙
砂糖	2小匙
水	1大匙
韓式辣醬	1小匙
甜麵醬	1小匙
醬油	1小匙
薑泥	1小匙
香油	1/2小匙

作法

1　在容器中，將所有蔥油餅材料攪拌勻勻。

2　把麵糊裝入塑膠袋或擠花袋待用。

3　再另一個容器中，將蘸醬拌勻。

4　熱平底鍋倒入適量的香油，將適量麵糊②擠入平底鍋中。

5　以中小火煎至底部微焦後翻面，兩面都煎好後盛盤。也將剩餘的麵糊②煎好即可。

6　南瓜去皮切成小方塊蒸熟，加入適量的鹽搗碎。揉成適度大小的南瓜球。

7　熱平底鍋倒入1大匙的油，將麵包粉炒至金黃色起鍋。

8　將所有的南瓜球⑥一一沾裹上麵包粉⑦即可完成。

hippoMum の Tips

在煎麵餅時，用鏟子輕壓麵餅可讓麵餅煎得香酥。若只翻面不壓讓麵餅慢慢煎，麵餅會很蓬鬆有如麵包的口感。

燻鮭魚菠菜
法式鹹蛋糕
（Cake salé）

材料很簡單，所配搭的食材很隨性，自由變化的空間很廣，
只要稍微在食材上做些變換，會有意想不到的美味。
重點是連蛋也不需要打發，
將材料混合均勻就可以輕鬆烤出美味的鹹蛋糕！

烤箱

材料 — 8cm×17cm×6cm
的磅蛋糕模1個

低筋麵粉	120g
泡打粉	1小匙
全蛋	2顆
鮮奶	80ml
沙拉油	40ml
橄欖油	30ml
菠菜	60g
燻鮭魚片	60g

調味料

砂糖	10g
鹽	適量
黑胡椒	適量

作法

1 將菠菜洗淨燙好，瀝乾後切成小段待用。

2 在容器中將全蛋、鮮奶、沙拉油、橄欖油倒入，均勻地攪拌。

3 將過篩的低筋麵粉＋泡打粉倒入②稍微攪拌。

4 依序將調味料、菠菜①加入一起拌勻。

5 用烘焙紙舖在磅蛋糕烤模內側，將菠菜麵糊倒入烤模中約2分滿。舖上燻鮭魚片。

6 將剩餘的菠菜麵糊蓋過燻鮭魚片。

7 放進預熱了180℃的烤箱，烤約30-35分鐘，以竹籤刺入蛋糕體不沾黏就OK。

8 烤好後脫模，放涼再切成厚片即可。

hippoMum の Tips

食材可以自由變換。請選擇在烤焙過程中"不易出水"的蔬菜，如彩椒、蘆筍、馬鈴薯、玉米等。燻鮭魚、香腸、培根等食材本身就有鹹香味，加減調味。若是使用鮮魚鮮肉類，則要先炒熟並且調味再使用！

香蕉核桃
麵包
（Banana Bread）

記得第一次吃到這點心時，不斷稱讚說這＂香蕉蛋糕＂很美味！
之後才知道它原來不是＂香蕉蛋糕＂，而是＂香蕉麵包＂。
這香蕉麵包真的很簡單又美味，只需把所有的材料依序拌好就可拿去烤，
這口感似蛋糕的簡易麵包，在美國大流行然後傳向各地。

材料 —— 8cm×17cm×6cm的磅蛋糕模1個

低筋麵粉	150g	鮮奶	1大匙
泡打粉	1小匙	奶油	60g
熟成香蕉	1又1/2根	鹽	2g
核桃仁（walnut）	20g	香草精	適量
砂糖	50g		
全蛋	1顆		

烤箱

作法

1 將核桃仁烤香且切成小顆粒,香蕉切片、奶油隔水加熱融化待用。

2 在容器中將1根份量的香蕉片及砂糖倒入,搗碎至香蕉泥。

3 依序將全蛋、鮮奶、融解的奶油倒入②的香蕉泥,均勻地攪拌。

4 把過篩的麵粉以及泡打粉倒入,用橡皮刮刀從底部翻攪上來將麵糊拌勻。

5 滴入適量的香草精以及加入鹽混合均勻。

6 最後也將所剩下半根份量的香蕉片以及烤過的核桃仁加入混合均勻。

7 用烘焙紙舖在磅蛋糕烤模內側。

8 將香蕉麵糊倒入烤模中。送進烤箱之前在表面先畫上一刀。

9 放進預熱了180℃的烤箱,烤約30-35分鐘即可。

 hippoMum の Tips

香蕉選擇越熟的越香。用來作點心的核桃仁都必須先烤過,烤至有點香味且呈金黃色即可。送進烤箱之前在表面先畫上一刀,使其可以漂亮地膨脹。若在預計烘烤時間之前,覺得表面太過棕褐色,可以用鋁箔紙覆蓋在蛋糕上面繼續烘烤。

平底鍋
煎瑞士捲蛋糕

鬆軟綿細的蛋糕體，裹著滑潤香甜又吃不膩的鮮奶油，
再配搭酸甜口感的奇異果以及清甜的小番茄。
是上癮的幸福滋味 - 就在品嚐那一刻開始。

平底鍋

材料 — 26cm直徑的平底鍋
1片份

全蛋	2顆
砂糖A	40g
鮮奶油A	1大匙
低筋麵粉	40g
鮮奶油B	100ml
砂糖B	10g
奇異果	1顆
糖漬小番茄	10顆

（作法請參考113頁）

糖水的材料

水	2大匙
砂糖	1大匙
櫻桃酒（Kirschwasser）	1/2小匙

作法

1 在容器中把全蛋以及砂糖A，隔著溫水打發至稠度較大而緩緩流下即可。

2 把過篩的麵粉全部倒入，用橡皮刮刀從底部翻攪上來將麵糊輕拌。之後也加入鮮奶油A輕輕打勻。

3 用烘焙紙鋪在平底鍋內側，將麵糊②倒入鍋中。

4 以超小火上蓋燜煎約12-16分鐘熄火。翻面以鍋子的餘熱煎好。將蛋糕起鍋，蓋上保鮮膜放涼。

5 在湯鍋將糖水材料的水以及砂糖煮沸後熄火，加入櫻桃酒拌勻待用。

6 在容器中把鮮奶油B以及砂糖B，隔著冰塊打發。

7 拉開一張適度的烘焙紙，把蛋糕體④微焦的面朝上，塗上適量的糖水⑤。

8 依序抹上鮮奶油⑥、擺上切丁的奇異果以及糖漬小番茄。

9 用墊底的烘焙紙將蛋糕捲好。之後以保鮮膜將蛋糕捲包裹起來，冷藏最少30分鐘等鮮奶油凝固。最後切成適當厚片盛盤即可。

hippoMum の Tips

不用擔心蛋糕煎不熟，切記一定要用最小火來燜煎蛋糕。別把蛋糕煎得太乾，捲起來時會容易裂開。表面壓下去有彈性就可以。糖水可讓蛋糕體保濕。櫻桃酒可用蘭姆酒取代。

hippoMum の Tips

　　蘇打餅表面上的材料，可以鋪上自家喜愛的口味。撒些岩鹽以及胡椒粉即是原味。食用時塗上些果醬奶油等或配著生菜小番茄一起吃，另有一番風味。

Q 如何將餅皮擀成同樣厚度的24cm方型？

A 拉開一張適度的保鮮膜，把保鮮膜對折將麵團蓋起來。然後將保鮮膜每個邊約24cm的位置回折，作成一個24cm×24cm方型的袋子。再將麵團從中間開始往外擀去，直到填滿方型袋子的每一個角落即可。

Q 如何完整無缺地將薄薄的餅皮移到烘焙紙上？

A 這個麵團擀成24cm方型的餅皮時，大約只有0.2cm的薄度。把烘焙紙鋪在薄餅皮上，手輕按著烘焙紙反轉過來，即可將薄餅皮倒扣在烘焙紙上即可。

簡易
健康蘇打餅

一般製作蘇打餅的材料都會使用到快速酵母粉以及小蘇打，因此麵團必須經過發酵，而製作流程也比較花時間！這款簡易健康蘇打餅，只需四種材料就可以完成，製作流程更輕鬆愉快！是一道方便準備又經濟的小零嘴。

烤箱

材料 — 3cm方形 − 64片份
6cm方形 − 16片份

低筋麵粉	100g
鹽	3g
水	30ml
沙拉油	30ml
橄欖油	適量

蘇打餅表面上的材料

起司粉	適量
肉桂粉＋砂糖	適量
辣椒粉＋芝麻	適量

作法

1　把過篩的低筋麵粉、鹽、水、沙拉油倒入容器中，拌成一顆麵團。

2　在工作台上拉開一張適度的保鮮膜，用擀麵棍擀成方型餅皮（直徑約24cm）。

3　將薄餅皮移到烘焙紙上，用輪刀切成3cm或6cm大的方型。

4　這才將②的薄餅皮連同烘焙紙放置在烤盤上，以叉子在薄餅皮上刺洞，可避免烤後表面過度鼓起來。

5　在薄餅皮表面抹上一層橄欖油，撒上蘇打餅表面上的材料。

6　放入預熱烤箱180℃烤約20-25分鐘即可。

hippoMum の Tips

傳統蘇格蘭奶油酥餅是長方型。也可以用造型模子壓出可愛的形狀，建議將麵團擀成約0.5cm的厚度。

覆盆子果乾
豆漿杯子蛋糕

蘇格蘭奶油酥餅

這奶油酥餅（Shortbread）是蘇格蘭傳統餅乾，
之後在英國形成趨勢並傳開。
Shortbread所指的是Shortening，也就是中文的酥油。
這個奶油酥餅的味道讓我回憶起童年，
每每放學回家，最期待就是母親的下午茶，
歐卡桑的愛心料理，是孩子認識味道最初的老師！

烤箱

材料 — 約20塊

低筋麵粉	120g
玉米粉（cornstarch)	80g
無鹽奶油	120g
糖粉或特細砂糖	40g
無糖可可粉	6g

作法

1　將奶油放置在室溫回軟後拌至奶油狀。

2　加入過篩的糖粉均勻地攪拌。再將過篩的麵粉以及玉米粉倒入充分地混合成一顆奶油麵團。

3　從②的奶油麵團中，取出100g的麵團，拌入可可粉成為可可麵團。

4　在工作台上拉開適度的保鮮膜，分別將奶油麵團以及可可麵團用擀麵棍擀成約1cm厚的方型麵團後包好，放入冰箱冷藏30分鐘-1小時。

5　把④的麵團們移到工作台上，切成2cm寬的小長條狀。

6　再以筷子在奶酥條狀表面上刺洞。

7　放入預熱烤箱170℃烤約20-25分鐘即可。

烤箱

覆盆子果乾
豆漿杯子蛋糕

這道杯子蛋糕，
主要是給對雞蛋以及乳製品敏感的小朋友所設計，
搭配覆盆子酸酸的口感，甜而不膩，很溫和的味道。

材料 — 6顆份

低筋麵粉	120g
泡打粉	1小匙
什錦果乾	30g
覆盆子又稱木莓（冷凍）	16-18顆

材料A

無糖豆漿	80ml
沙拉油	40ml
砂糖	40g
鹽	少許
蘭姆酒	1小匙

作法

1 在容器中倒入材料A均勻地攪拌。

2 把過篩的粉類（低筋麵粉＋泡打粉）也倒入。用橡皮刮刀從底部翻攪上來將麵糊拌勻！

3 將什錦果乾以及覆盆子加入混合。

4 最後將準備好的麵糊分裝在紙烤杯中（約8分滿）。放進預熱了180℃的烤箱，烤約20-25分鐘即可。

hippoMum の Tips

以其他食材如：核桃仁、香蕉泥、南瓜泥、果醬等，來取代什錦果乾以及覆盆子混入麵糊去烤一樣的杯子蛋糕，卻有不一樣的味道！每一天的下午茶，都讓孩子們充滿了驚喜以及期待。

奶酥
雪球餅乾

奶油點心的高熱量與不飽和脂肪常讓人又愛又恨，
將奶油的量讓沙拉油來分擔，
一樣能烤出又酥鬆又香的雪球餅乾，
享受美味的下午茶！

烤箱

材料 — 約25顆

低筋麵粉	150g
杏仁粉	20g
砂糖	30g
無鹽奶油（融解）	20g
沙拉油	50ml
糖粉	適量

作法

1 將低筋麵粉以及杏仁粉過篩待用。

2 在容器中，放入粉類①以及砂糖，把溶解的奶油以及沙拉油分成數次加入混合均勻。揉成一個麵團，再搓成適當的大小（約25顆）。

3 放入預熱烤箱，以160℃烤約18-20分鐘，待放涼後，將餅乾放進裝有糖粉的塑膠袋內，搖晃塑膠袋讓餅乾均勻裹上糖粉即可。

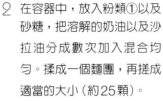

hippoMum の Tips

熱烘烘出爐的雪球餅乾很容易鬆散，所以一定要放涼後，才可以裹上糖粉。食譜中的奶油可以全部以沙拉油取代。

Kitchen Blog

6種常備食材 ╳ 媽媽愛的佳餚：

蛋・土司・豆腐・麵・米飯・麵粉＝變化72道省錢大美味！

作者／攝影　hippoMum 吳岭潸

出版者／出版菊文化事業有限公司　P.C. Publishing Co.

發行人　趙天德

總編輯　車東蔚

文案編輯　編輯部　美術編輯　R.C. Work Shop

台北市雨聲街77號1樓

TEL：(02)2838-7996　　FAX：(02)2836-0028

法律顧問　劉陽明律師　名陽法律事務所

初版日期　2013年7月

定價　新台幣360元　　特價　新台幣320元

ISBN-13：9789866210228　　書　號　K12

讀者專線　(02)2836-0069

www.ecook.com.tw

E-mail　service@ecook.com.tw

劃撥帳號　19260956 大境文化事業有限公司

6種常備食材 ╳ 媽媽愛的佳餚
蛋・土司・豆腐・麵・米飯・麵粉＝變化72道省錢大美味！
Hippomum 吳岭潸 著 初版. 臺北市：出版菊文化，2013[民102]
144面；19×26公分. ----(Kitchen Blog系列；12)
ISBN-13：9789866210228
1.食譜
427.1　　　　　102010852

沿 虛 線 剪 下 ✂

6種常備食材 ╳ 媽媽愛的佳餚

請您填妥以下回函，免貼郵票投遞郵寄回，除了讓我門更了解您的需求外，
更可獲得大境文化＆出版菊文化一年一度會員獨享購書優惠！

1. 姓名：
   姓別：□男 □女 年齡： 教育程度： 職業：
   連絡地址：□□□ 縣市
   傳真： 電子信箱：

2. 您從何處購買此書？ 書店/量販店
   □書展 □車購 □網路 □其他

3. 您從何處得知本書的出版？
   □書店 □報紙 □雜誌 □書訊 □電視 □廣播 □網路
   □親朋好友 □其他

4. 您購買本書的原因？（可複選）
   □對主題有興趣 □生活上的需要 □工作上的需要
   □價格合理（如果不合理，您覺得合理價錢應$ ）
   □除了食譜以外，還有許多豐富有用的資訊
   □版面編排 □拍照風格 □其他

5. 您經常購買哪類主題的食譜書？（可複選）
   □中菜 □中式點心 □西點 □歐美料理（請舉列）
   □日本料理 □亞洲料理（請舉列）
   □飲料冰品 □醫療養飲食（請舉列）
   □飲食文化 □烹飪問答集 □其他

6. 什麼是您決定是否購買食譜書的主要原因？（可複選）
   □主題 □價格 □作者 □設計編排 □其他

7. 您最喜歡的食譜作者/老師？為什麼？

8. 您習慣購買的食譜有哪些？

9. 您希望我們未來出版哪種主題的食譜書？

10. 您認為本書尚須改進之處？以及您對我門的建議？

沿　虛　線　剪　下

廣　告　回　信

台灣北區郵政管理局登記證

北台字第12265號

免　貼　郵　票

台北郵政 73-196 號信箱

大境(出版菊)文化　　收

姓名：　　　　　電話：

地址：

ove as it
esistant glass
as for "It
powders.
made
by ..labor and
disregarding it fr
recipe of use that ca
easily also even in busy
people. The recipe from w
the nutrient and the calor
thing of the
the table
ght was